U0225821

役用牛骨骼鉴定指南

Draught Cattle: Their Osteological Identification and History

〔匈牙利〕拉斯洛·巴尔托谢维奇（László Bartosiewicz）
〔比利时〕温·范·尼尔（Wim van Neer）　著
〔比利时〕安·伦塔克（An Lentacker）

马萧林　王　娟　侯彦峰　译

科学出版社

北京

图字：01-2022-1648 号

Originally published in Belgium under the title

Draught Cattle: Their Osteological Identification and History

© Royal Museum for Central Africa, 1997

内 容 简 介

　　驯化黄牛用于拉犁或驾车，在画像石、画像砖、壁画和历史文献中都有迹可循，但资料有限，所反映的役用时代可能只比"记录"的时间稍早。考古遗址出土的牛骨遗骸为研究作为早期役畜的黄牛提供了宝贵材料。本书深入分析了从罗马尼亚采集的一系列现代役用牛的脚骨形态和尺寸，并将这些研究结果应用于一个比利时遗址出土罗马时期牛骨的案例。通过对罗马尼亚和匈牙利现生牛骨标本进行骨病观察和骨骼测量学研究，本书制定了一套基于脚骨病理变化和测量数据来识别役用牛的标准，全方位阐述了黄牛作为役畜所体现的文化、历史和经济价值。

　　本书可供考古学、动物考古学、动物解剖学、动物病理学等方向的研究者和爱好者，以及高等院校相关专业师生阅读、参考。

京审字（2023）G 第 2060 号

图书在版编目（CIP）数据

役用牛骨骼鉴定指南 /（匈）拉斯洛·巴尔托谢维奇，（比）温·范·尼尔，（比）安·伦塔克著；马萧林，王娟，侯彦峰译. —北京：科学出版社，2023.11

书名原文：Draught Cattle: Their Osteological Identification and History

ISBN 978-7-03-076844-5

Ⅰ.①役… Ⅱ.①拉… ②温… ③安… ④马… ⑤王… ⑥侯… Ⅲ.①牛-役用型-骨骼-鉴定-指南 Ⅳ.① S823.9-62

中国国家版本馆 CIP 数据核字（2023）第 209892 号

责任编辑：张亚娜　周　赒 / 责任校对：张亚丹
责任印制：肖　兴 / 封面设计：图阅盛世

科 学 出 版 社 出版
北京东黄城根北街 16 号
邮政编码：100717
http://www.sciencep.com

北京汇瑞嘉合文化发展有限公司 印刷
科学出版社发行　各地新华书店经销
*
2023 年 11 月第 一 版　开本：787×1092　1/16
2023 年 11 月第一次印刷　印张：12 1/4
字数：290 000

定价：98.00 元
（如有印装质量问题，我社负责调换）

译 者 序

牛在驯化之初可能就是兼具肉食、乳制品，以及皮、腱和骨等原材料来源功能的动物。牛在驯化之后，可能被用来骑乘或驮载，但更常见的是作为役畜被用来拉车和耕地。在近代机械化普及之前，牛在农业生产和交通运输中发挥着重要作用，极大地促进了生产力的发展。正因如此，牛是什么时候开始成为役用动物的这样一个命题，长期受到学术界的关注。研究者通常根据各种图像和历史文献来获得相关信息，但图像和文献提供的信息往往相对滞后，反映的年代也较晚。随着动物考古学的发展，考古出土动物骨骼成为研究早期役畜的重要实物材料。

《役用牛骨骼鉴定指南》是20世纪90年代出版的一本专业著作，旨在界定役用牛的形态学和形态测量的特征。该书通过对罗马尼亚收集的现代役用牛的脚骨形态和尺寸的分析，界定了一系列与牵引有关的病理特征，并将研究现代役牛的结果应用于一个比利时遗址出土的罗马时期牛骨分析中。同时，还通过对罗马尼亚和匈牙利现生牛骨标本进行骨病观察和骨骼测量学研究，制定了根据病理组织变化和测量数据来识别役用牛的标准，并阐述了黄牛作为役畜所体现的文化、历史和经济价值。但需要注意的是，并非所有在牛脚上观察到的病理现象都一定是由牵引劳作引起的，其他因素，如年龄、性别、自然环境以及动物饲养的环境等，也可能导致牛脚的畸形病变。

动物考古证据表明，中国的家养黄牛是在距今5000年前后由西亚传入的，距今4500年左右进入中原。从中国古代文献和考古材料看，春秋时期出现了铁农具和牛耕，战国时期牛耕技术得到推广，汉代牛耕图像的出现，则证明当时牛耕已被普遍应用在农业生产当中。然而，对于牛在春秋之前的西周甚至商代、夏代是否作为役畜使用这一问题，历史文献能够提供的信息比较有限，因此，要想获得直接或间接的证据，只能从考古发现的遗迹或遗物中鉴别。《役用牛骨骼鉴定指南》这本著作，就为我们尝试从动物考古学的角度探索中国役牛的起始年代及相关问题提供了重要参考。

2010年我在美国哈佛大学访学期间，认真研读了这本书，从中得到不少启发，希望尽快把它翻译出来，介绍给中国考古同仁，从而助力中国动物考古学在役用牛骨鉴定方面取得进展。在美国期间，我向该书的主要作者、著名动物考古学家László Bartosiewicz教授说明了打算翻译这本书的想法，并邀请他在合适的时候到中国待上一段时间，一起切磋役用牛骨的病理鉴定问题。更为重要的是，希望结合中国考古遗址出土的不同时期的牛骨材料，选取病理特征显著的役牛标本，沿着从后往前的时间轴线，循着从已知到未知的逻辑顺序，探索中国役牛的起始年代，以及不同时期役牛的利用方式等一系列考古问题，为认识中国古代农业生产力的发展水平提供新的资料。

在美国期间我翻译了这本专著的大部分内容，本想回国后尽快完成剩余部分，并按计划着手实施从汉代、东周、西周，到商代、夏代等各个时期遗址出土牛骨的病理鉴定工作，以期通过系统的骨骼病理方面的比较研究，探索不同时期牛骨病理的变化特征，总结归纳规律性的认识。但遗憾的是，由于工作事务繁多，翻译的事被一拖再拖，计划中的研究项目自然也就被搁置下来了。然而，我始终觉得这件事很值得做，不能半途而废，于是在两年前跟王娟和侯彦峰商量，应该把翻译这本书的事坚持下去。随后，他们二位按照各自分工，挤出时间继续翻译、扫描图版、校对稿子，并与出版社联络版权及出版事宜。

尽管这本翻译著作拖了这么久才得以付梓，但还是希望通过借鉴国外已有科研成果，能够为中国动物考古学的发展做些力所能及的事情。同时，也希望考古同仁借助中国丰富的动物考古材料，探索建立具有中国特色的役畜骨骼鉴定标准，不断拓展中国考古学的研究方向和内容。

致　谢

感谢比利时政府 IPA（Interuniversity Poles of Attraction）项目资助，感谢比利时国家科学技术和文化事务联邦服务部的协调。László（作者）还收到"促进与中欧科学技术合作"项目的资金支持。本项目还获得了许多朋友和同事的支持。感谢 M. Udrescu 博士、A. Popescu 博士、D. Stefanescu 硕士和 B. De Cupere 博士帮助获取罗马尼亚的研究材料。感谢已故动物考古学家和匈牙利农业博物馆骨骼标本馆馆长 I. Takács 先生提供的匈牙利灰牛骨骼标本。感谢荷兰格罗宁根考古研究所 A. T. Clason 博士的帮助，他临时安排了对材料的销蚀，具体工作是由该研究所的 TP. Jakobs 和 R. Kosters 先生实施。感谢生理学和医学领域的同事在磁共振成像（MRI）、骨密度测量和计算机断层扫描（CT）方面的帮助。感谢新鲁汶大学 BIOSPEC 实验室的 R. Demeure 教授和 I. Mottet 博士，比利时鲁汶大学佩兰伯格医院和加斯泰伯格医院的 J. Dequeker 教授、J. Nijs 和 S. Paeps 先生，以及匈牙利国家铁路医院（布达佩斯）的 L. Bartha 博士和 J. Marosi 女士为本研究的断层扫描所做出的贡献。感谢 A. Ervynck 博士（佛兰芒社区考古遗产研究所，塞利克）对评分系统的建议。金特大学地质研究所古生物实验室的 A. Gautier 教授在骨骼学文献的研究中提供了始终如一的帮助和指导。比利时那慕尔省 Wallonne 流域 Fouilles 研究方向的考古学家 Jean Plumier 先生提供了罗马时期 Place Marché　aux Légumes 遗址的骨头。I. Harrison 博士（纽约的美国自然历史博物馆）和 A. Choyke 博士（布达佩斯的阿昆库姆博物馆）对初稿语言上的修改。感谢中非皇家博物馆馆长 D. Thys van den Audenaerde 教授的鼓励，并欣然同意将该研究结果发表在博物馆年鉴上。感谢 M. N. Dévay 女士（布达佩斯）和 A. Reygel（特尔韦伦）为本书绘制的插图。照片由 H. Denis 先生（佛兰芒社区考古遗产研究所）和 K. Pálfay、T. Kádas 女士（布达佩斯）拍摄。

目　　录

第1章 引 言

牛在驯化之初可能就是兼具多种用途的动物。动物考古研究强调了牛作为肉食、乳制品、肥料资源，以及兽皮、蹄筋和骨料等原材料来源的重要性。此外，牛还被作为役用动物饲养。在马属动物被驯化之前，牛可能被用来骑乘或者驮载（Sigaut, 1983; Benecke, 1994: 160）。然而，牛最常见的用途是耕地和拉车。这可以从考古、图像和文献材料中得知，但这些资料数量有限且通常只能提供稍晚时期的信息。而考古发掘出土的骨骼残骸则可能为牛作为早期役畜的研究提供额外的资料。本书将回顾以往文献发表的骨骼证据，并描述一系列在现代役牛脚骨上观察到的形态和测量特征。这批现生参考标本是近期在罗马尼亚收集的，将用来界定一系列与牵引有关的病理，从而为我们提供一种更加统一适用的方法来研究出土动物遗存。在个案分析中，从这批现代标本得出的结果，被用于研究比利时一个罗马时期遗址出土的牛骨标本。本书还将尝试界定识别役牛的组织学标准，罗马尼亚的参考标本和大量匈牙利灰牛样本的骨骼测量方法也被纳入其中。此外，本书还将回顾役用牛所带来的更为广泛的文化史和经济学影响。

1.1 役牛非骨学研究概况

在19世纪下半叶机械化取得突破性进展之前，牛和马在农业和交通运输中一直发挥着重要作用。随着犁、车、轭、马嚼、马镫等器具的发明和应用，家养动物的畜力利用效率得到了提高。因此，考古中发现的这类物品或图像也是其作为役畜的标识。牛作为役畜使用的最早证据发现于同犁、车发展密切相关的近东地区（Benecke, 1994: 143）。有关犁的最早图像证据，出自乌鲁克城①（Uruk）公元前第四千纪晚期的一块泥板上（Sherratt, 1981）；一枚刻有牛和犁的印章则发现于美索不达米亚南部一个公元前第三千纪的遗址（Salonen, 1968）。不过，伊朗西南部胡齐斯坦省（Khuzestan）的一个遗址发现了深耕的遗迹，表明牛耕可能早在公元前第五千纪就出现了（Sherratt, 1987）。

Milisauskas 和 Kruk（1982, 1991）曾分别综述过欧洲新石器时代役用牛最古老的艺术形态。牛戴挽具的雕像见于波兰 TRB（Trichterbecher or Funnel Beaker）文化

---

① 译者注：美索不达米亚西南部苏美尔人的古城，在今伊拉克境内。

（3700—3100 BC）的两个遗址，还有一个波兰遗址出土了一件 TRB 文化晚期（3300—3100 BC）刻有车的陶瓷容器。泥塑车见于匈牙利的巴登（Baden）文化（3500—2800 BC; Banner, 1956; Kalicz, 1976）和斯洛伐克的一个新石器时代晚期遗址（Nemejcová-Pavúková, 1973）。由于那时家养马属动物很可能还没有出现，尽管只出现了车的艺术形象，仍可推测拉车的役畜是牛。在早期岩画中，作为役畜的牛见于德国的 Züschen（Uenze, 1958）和 Warburg（Günther, 1990）遗址，以及乌克兰的 Kammennaja Mogila（Häusler, 1985）遗址。

出自公元前三千纪早期瑞士 Biel 湖地区的 Fénil 聚落遗址（Tschumi, 1949）出土有一件由枫木制作的轭。意大利北部 Brescia 的一个青铜时代早期遗址则发现了一件由 2 个动物共用的轭，并出土有犁的遗存（Perini, 1983）。在丹麦和荷兰发现了大量铁器时代的轭，而后年代越近，出土轭的数量也越多（Benecke, 1994: 144）。

古代土壤中的深耕遗迹可以作为畜力使用的标识，也可视作在马属动物驯化之前使用役牛的间接证据。在欧洲，这类遗迹的发现最早可追溯到公元前第四千纪下半期到公元前第三千纪的丹麦、波兰和英国（Beranova, 1987; 179）。

成对埋葬牛的现象在公元前第四千纪下半期的中欧地区时常发生（Neustupny, 1967），表明轭可能在成对动物身上使用，进一步说明这些牛是用来拉犁或者拉车的家畜。匈牙利的 Budakalász 遗址就是一个很好的例子，该遗址中与对牛埋葬坑伴出的正是上文提及的泥塑车（Banner, 1956; Kalicz, 1976）。

以上讨论的各类信息都比较罕见，然而当这些信息同时出现在一个遗址中，将有助于阐释动物骨骼遗存。

画像和文字证据表明，在马属动物引进之后，役用牛的地位依然很重要。一般而言，马属动物用于快速运输较轻的货物，而牛则用于重型运输和田间劳作。在中世纪，软材料马轭具的出现使得在农业和运输中更多地依赖马匹（Lefebvre des Noëttes, 1931; 4; Langdon, 1984: 49）。然而，仅基于历史资料很难比较牛、马在役用上的重要性。只有在距今较近的历史时期才有这类信息（Starkey, 1991）。中欧的历史资料显示，中世纪晚期以来，役用牛的使用率呈现逐年下降趋势。14 世纪的意大利年代史编著者 Villani 写道，在匈牙利"许多阉牛和母牛不是为了役用而饲养"（Makkai, 1988: 40）。从 1641 年至 1647 年，匈牙利 32 个庄园的 3500 头家畜中，阉牛所占的平均比值是 12%（Gaál, 1966: 158-161）。1630 年至 1646 年间，邻近的独立的特兰西瓦尼亚（Transylvania）也出现了相似的平均比值（来自 15 个地点的 6500 头家畜）。以往单个牛群中役用阉牛的比例经常发生变化，而农业机械化的到来则使其发生了巨变。到 20 世纪中叶，在匈牙利大约两百万头家养牛中，注册登记的役用阉牛比例下降到了 6%—7%。由于大规模机械化养殖的发展，1971 年记录的役用阉牛总数已不足 1000 头，在 1973 年后的国家统计中甚至不再提及（KSH, 1979: 9-23）。图 1 中概括了这种下滑的历史趋势[①]。在德国，虽然 Ruthe 在其经典著作《家畜蹄爪护理》一书中仍然提到役牛是小型农场中唯一划算的畜力资源（Ruthe, 1969: 184），但"役牛"的消失速度显然比预料中快。虽然本世纪[②]北美、欧洲和澳洲[③]的所有发达国家中役牛的使用率都呈现了大幅度下降，这类家畜在世界其他地区仍然占有重要地位。据估计，全世界仍在使用的役牛约有 2.5 亿头，约占全世界牛总数的 20%（Starkey, 1991）。

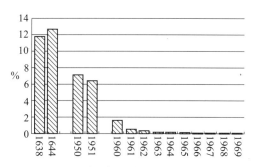

图 1　17—20 世纪匈牙利的役用牛在家畜中的占比一直在降低

欧洲原始的兼用牛品种，特别是役用牛的品种，主要因保种而得以存续。匈牙利灰牛中的母牛，历经几个世纪的役用，到 20 世纪 60 年代已不足 300 头（Bodó, 1985: 115），不过近期数量略有增加。19 世纪中叶，随着庄园农奴制和徭役制的废除，在爱沙尼亚和立陶宛境内役用阉牛数量也有所减少。这给了农民选择自用役畜的自由，并最终导致马取代了牛。这一取代过程仅在具有长期养牛传统且农业落后的地区发生得较为缓慢（Yiires, 1973: 439）。然而，即使马匹的生产效率更高，在许多地方也竞争不过农业机械化。近代培育的肉奶兼用牛——弗莱维赫牛（Fleckvieh），15 年前还能在匈牙利边远地区偶尔见到，现在只能在对日产奶量需求很少的自给自足家庭中见到。因此，在农业广泛发展的趋势下，近代役牛的重要性呈历史性下降；个体农业经济和更大范围的区域性农业经济的地位以及育种政策的变化，都是影响役牛重要性的因素。

1.2　役牛骨学研究进展

通过掌（跖）骨形态学差异来判断牛的性别，是本世纪下半叶最具影响力的研究成果之一。Nobis（1954）、Boessneck（1956）、Calkin（1960, 1962）、Fock（1966）和 Mennerich（1968）等的研究成果在这一领域堪称典范。这些通过骨头的形态学差异来鉴定阉牛的尝试，反映出学者们对畜力开发问题的潜在兴趣。自 20 世纪 70 年代以来，越来越多研究出土动物骨骼的学者提出了有关役用牛的问题，但却仅有少数几个与使役相关特征的想法能够在已知年龄和性别的现代役牛中得到验证。毫无疑问，难以获取役牛骨骼是导致这些资料匮乏的主要原因。Fock（1966）的论文，尤其是 Mennerich

---

① 译者注：本书插图系原文插图。

② 译者注：这里指 20 世纪，下同。

③ 译者注：澳大拉西亚（一个不明确的地理名词，一般指大利亚，新西兰及附近南太平洋诸岛，有时也泛指大洋洲和太平洋岛屿）。

（1968）的博士论文则属特例。然而，两位作者都侧重于对骨骼测量数据的分析。

有关考古遗址出土牛骨有过关节病变的报道很少且缺乏标准。Siegel（1976: 359）曾报道有 18 个英国的遗址发现过骨骼病变，但这只是非随机性的数据集合，其结论是不确定的。Siegel（1976: 359）取得的结果以及样本量多变、诊断冲突、病因不清等因素的影响，都表明在鉴定役用阉牛遗存时出现的问题具有复杂性。

在阐释考古遗址出土动物骨骼的骨学研究结果时，应该牢记考古学的基本问题，即不可由它的静态结果完全推测出一个动态体系特性（Cribb, 1984: 164）。因此，外观形态学乃至病理学变化的症状和病因之间的联系，仍然在很大程度上无法厘清（Horwitz, 1989: 170）。对形态测量和微观结构可变性的研究也面临同样的问题。动物考古学家通常缺少一个用以描述病理学特征和病理诊断的可靠数据库。就像 Rotschild 和 Martin（1993: 1）所指出的那样，这类信息只能从人类医学和动物医学实践中获取。

1.2.1　脚骨

通常来说，大多数对役畜的推测是基于观察到四肢骨末端出现外生骨赘和其他变形（Higham et al., 1981: 357）。这些观察结果常出现在动物考古样本的（亚）病理现象描述中（Hesse and Wapnish, 1985: 83）。动物作为役畜使用，意味着它们的脚骨要承受艰苦劳作的压力。许多考古文献常在"病理现象"这一部分讨论变形的掌 / 跖骨和指 / 趾节骨。牛骨的异常现象，例如跗节内肿（飞节内肿，跗关节炎，spavin）引起的掌 / 跖骨等脚骨[①]的畸形，常见于许多病理现象的描述中（Wäsle, 1976: 83; Feddersen and Heinrich, 1977: 167; Johansson, 1982: 59）。然而，在一些出土动物骨骼中，需注意这些疾病可能是由足部结构不良和关节变脆弱引发的，会导致稀疏性骨炎（Ostitis rarefaciens）和骨化性骨膜炎（Periostitis ossificans），并最终导致慢性变形性关节病（Arthropathia chronica deformans）（Durr, 1961: 32）。Barthel（1985）仅在 3065 件新石器时代牛骨标本中的 8 件近指（趾）节骨上诊断出了慢性骨化性骨膜炎。他认为这种病变是慢性韧带损伤和姿势不正引发的。遗址地形和动物活动地面的基质也可能影响牛脚骨的畸形病变发展（Clutton-Brock, 1979: 147; Van Neer and De Cupere, 1993: 231）。

牵引导致的重压可以引发关节炎症，特别是在跗关节上（Alur, 1975: 411）。冯登德里施（von den Driesch, 1975: 423）将腕 / 跗骨（飞节）和指 / 趾节骨上的关节炎以及慢性变形性与强硬性关节周围炎（如牛的髋关节炎）列为由过劳或者年老引起的骨骼病变。根据 Silbersiepe 等人的研究（1965: 486），跗节内肿通常发生在服重役的牛身

---

① 译者注：这里"脚骨"的词是"autopodia"，即 autopodium 的复数形式，其定义为"四肢远端，前脚部和后脚部（解剖学术语）"（https://en.wiktionary.org/wiki/autopodium#English）。同时原作者给的定义是全部脚骨，包括腕骨 / 跗骨、掌 / 跖骨、指 / 趾节骨。

上。Harcourt（1971: 267）发表了一个公元 1 世纪的与跗关节病有关的跗节内肿案例。Harcourt 暗示引发这类畸形的并非感染（关节炎）。Pfannhauser（1980: 106）报告了 Germania 遗址罗马时代晚期牛的跗节内肿。Hüster（1990: 45, Fig. 18c）发表了中世纪的跗节内肿案例。最近，Frey（1991: 173）也将不合理的动物饲养和"机械损伤"一起作为引发牛的跗节内肿的病因。不过，机械性损伤仍被认为是动物考古遗存中这类病理现象的主要原因。关于较轻微的掌 / 跖骨畸形的案例，Mennerich（1968: 35）将牵引使役归为罗马时期牛的掌骨远端内侧滑车关节面向内外两侧增宽的原因。冯登德里施（von den Driesch, 1975: 420）和 Uerpmann（1994）也描述过类似的案例。这些工作把研究的注意力都集中到了掌 / 跖骨远端非对称性增宽的测量上（Davis, 1992: 5）。

1.2.2　其他骨骼

　　Armour-Cheluh 和 Clutton-Brock（1985: 298）试图引入病理畸形特别是骨关节炎，来论证在英国新石器时期役牛的使用。他们将研究重点放在出土的肩胛骨和髋臼上，根据现代动物医学文献的数据，对牛骨畸形显著的高发生率进行了研究。他们的研究结果显示，除了其他方面的原因，牵引使役可能造成了史前牛的前肢上承受着较大的压力。此外，出土骨骼上经常在髋臼关节面外侧，即连接股骨和髋骨的韧带附着的部位，出现骨膜增生（Levine, 1986: 70, Fig. 4.1）。Hüster（1990: 44-45, Fig. 18）也观察到了髋关节的畸形病变，包括出自 Schleswig 的中世纪牛的髋关节病。他从约 1300 块骨碎片中观察到了 27 个这种髋臼病变的案例，而相应的，在总数约 985 块股骨近端碎片中发现了 57 例股骨头畸形。Murphy 和 Galloway（1992: 96）认为出自 Winchester 的中世纪牛骨髋关节畸形的高发生率和对牛牵引使役的过度开发相一致。然而，冯登德里施（1975: 420）提出营养不良是导致瑞士新石器时代晚期（Forster, 1974: 22）和中世纪时期（Klumpp, 1967: 46）遗址出土牛科动物髋关节病的另一种解释。先天性髋关节发育不良与股骨头和髋臼形状的异常及骨化延迟有关（Innes, 1959: 1174）。尽管这种情况最常在犬身上出现，在牛身上也是可能发生的（Rainey, 1955: 108）。

　　早在史前时期，阉牛的解剖结构就使得人们较为容易将轭系在牛角上或者挂在牛颈上（Huntingford, 1934: 457; Gandert, 1966; Benecke, 1994）。学者们已注意到了由轭或者轭上系着的绳索在牛的角心、颈椎以及第一胸椎上留下的凹痕（Druckatrophie）（Nieberle and Cohrs, 1970; Rauh, 1981: 19; Gross et al., 1990: 88; Milisauskas and Kruk, 1991; Müller, 1992; Benecke, 1994: 147; Bökönyi, 1994: 25）。角心勒痕最早的证据出自公元前三千纪捷克共和国 Holubice 和波兰 Bronocice 的遗址（Milisauskas and Kruk, 1991）。在动物考古遗存中发现这类畸形的概率小之又小。例如中世纪的 Schleswig 遗址中，在 2252 件角心遗存中仅发现了 8 件病变标本（Hüster, 1990: 47, Fig. 19）。当然，这种低比例可以部分归咎于埋藏学偏差，因为相比于结实干燥的肢骨，角心较容易破碎，这使得角心的畸形难以识别。Ryder（1970）描述了出自约克（York）的5件顶骨有损伤的中世纪牛头骨。虽然不能确定引发病变的确切原因，但病变的孔有一定可能是源于戴轭的牛血管异常增生导致的急性炎症。然而，Baker 和 Brothweli（1980: 37）描述类似的病理现象时认为是先天异常。在最近 Brothwell 等学者（1996）对这个问题的再研究中，排除了寄生虫、肿瘤和感染作为牛头骨上穿孔病因的可能性。目前仍不能确定究竟是戴轭还是先天性疾病最有可能导致颅骨穿孔。

Ghetie 和 Mateesco（1971, 1973）研究了罗马尼亚新石器时代中期牛骨上的整体特征。通过与现代牛在肱骨和股骨的近端骨骺以及桡骨的关节面进行比较，显示出了牵引使役造成的差异。最重要的是，新石器时代牛的桡骨和掌骨背侧之间的夹角稍微尖锐一些。Mateescu（1975: 15, Fig. 3.2）在现代牛的身上测量出的角度是173°，而在新石器时代的牛身上测出的是196°。然而，这种个体畸形在多大程度上可以归因于环境影响而不是脚部遗传结构，尚存争议（B. Kovács, 1977: 127）。

1.2.3 骨的内部结构

到目前为止，对役牛的鉴定工作还没有进入到微观层次。Kratochvil 等（1988）虽然使用了掌/跖骨的 X 射线影像来鉴定中世纪早期牛的年龄和性别，但他们放弃了尝试鉴定役牛这一有争议的任务。

显而易见，动物用于使役的最基本的表现是由过度负重或牵拉引起的骨骼的功能性增大。因此，要分析这种现象，对野生和家养牛骨骼的微结构的比较影像学和组织学研究很有意义（Bökönyi et al., 1965; Paaver, 1972; Lasota-Moskalewska, 1979）。这些研究阐明了驯化造成的牛体型的总体退化，这种退化使得这类动物更容易产生前文提及的畸形病变。

为了探究山羊的驯化过程如何影响其骨密质的棱柱状结构与板状晶体结构之间的关系，也有学者开展了微观研究（Drew et al., 1971: 282; Bouchud, 1971: 271）。然而，骨胶原的保存状态问题引起了学者们的广泛讨论（Watson, 1975: 382）。

1.3 研究思路

本书主旨是界定役用牛的形态学和形态测量学的特征。然而，需注意的是，并非所有在罗马尼亚牛脚上观察到的病理现象都必定是由牵引劳作引起的。其他因素，如年龄、性别、自然环境以及动物饲养的环境，也可能导致畸形病变。

通常情况下，牛前肢承受 55.7%—58.7% 的活重（Lessertisseur and Saban, 1967: 988; Fehér, 1980: 249）。对于成年公牛这个比例可能接近 65%。畸形病变更常出现在指节骨上，反映出前、后肢承受的体重差异（Coulon, 1962: 12）。活重随着年龄的增大而增加（Fábián, 1967），因此年龄较大的动物似乎更容易发生病变。骨骼畸形发生概率也可能与性别相关。性别相关差异不仅表现在雌雄两性相异的体重上，不同的阉割时间也会影响阉牛的长骨生长和肌肉组织的发育，从而影响活重。此外，阉牛在阉割后睾酮和生长激素之间的平衡受到干扰，很可能会使脚骨发生病变。在病理现象的观察中也必须考虑表型变异性。表型（遗传性状的表现形式）既受动物饲养环境的影响，也受自然环境因素的影响。除了使役这个较明显的因素，动物的营养、所在牧场甚至畜舍的情况都能引发病变。而且，特定的品种可能有遗传代谢障碍，使得它们更容易发生骨骼变形。

在诊断骨骼病理现象时，要牢记，每种病情的发生都存在很大的变异性。这种变化的一端是界限清晰的关节病重症病例，而另一端则是界限模糊的轻微的病理学（即相对"平常的"）病例（Baker and Brothwell, 1980: 20）。

以上提及的所有难点都妨碍了我们对动物考古遗存中使役相关现象的认识，以至于在理想状态下，公认的形态学和形态测量学在使役上的指标必须用额外的材料来佐证。在这方面，牛的年龄结构和性别分布具有相关性。此外，在研究特殊遗址的时候，应该考虑到马属动物作为畜力的替代资源的作用。还必须考虑聚落的经济类型，看其是自给自足型经济还是市场型经济。此外，考古资料能为牛的役用提供宝贵的证据，例如犁耕痕迹（Sherratt, 1981），轭、犁、车以及牛蹄匣等遗存（Magyar, 1988: 150）。

第 2 章 研 究 材 料

2.1 研 究 用 骨

本书从以往用于研究和分析役用的诸多骨头中选取了脚骨（掌／跖骨和指／趾骨）材料。据英国的《康普顿镇牛跛行调查》（Russel and Shaw, 1978）一书记载，在136931头母牛中近88%的病变（n＝9130）发生在脚部，而影响腿部功能的病例仅占了12%。书中分析的外部致病因素有体重、年龄以及产犊应激。由此，可以假定长期役用的大型阉牛受影响最严重的部位是四肢的远端。大量的出土亚化石骨骼材料可以证实这种假定。在 Schleswig（Hüster, 1990: 44）遗址出土的超大规模的中世纪动物骨骼堆积中，发现了316件病变标本。这些标本同样显示出，越接近骨的远端，骨骼变形的发生率越高。然而，就如之前研究者们（Brothwell, 1981: 239; Armour-Chelu and Clutton-Brock, 1985: 298; Murphy and Galloway, 1992: 96）提出的，不应排除在役畜肩带（前肢带部）和盆带（后肢带）上发生骨骼变形的可能性。遗憾的是，收集现生比较标本时很难获取足够多的掌／跖骨等脚骨以外的骨骼材料。这是因为掌／跖骨等脚骨的商业价值低，比较容易从屠宰场采集（Legge 和 Rowley-Conwy, 1991: 4）。

在考古遗址中经常发现大批牛愈合的第3和第4掌／跖骨（在本书其他章节简称为掌骨、跖骨或掌／跖骨）。这类骨头在动物科学中常被用来推测胴体特征。尽管关于役用的研究领域基本是空白，但在掌／跖骨上也已积累了许多资料。关于绵羊掌／跖骨的经典研究结论（Pálsson and Vergés, 1952）被广泛应用于阐释营养水平与遗传性状表现形式之间的关系。这一问题在牛肉生产的文献里被广泛探讨。Wilson 等学者（1982）比较了早熟的阿伯丁−安格斯牛（Aberdeen-Angus）和生长较慢的夏洛莱牛的掌骨和跖骨的生长发育。Costiou 等学者（1988）发表了对三个品种母牛的掌／跖骨内、外部的测量分析。已开展的研究确定了脚部重量和胴体骨架比重之间的相关性（Callow, 1945; Lörincz and Lencsepeti, 1973），胫围和胴体骨架的比重之间的相关性也得到了确定（Dögei, 1977）。

整个指／趾节骨结构紧凑，这意味着在考古遗址中它们比掌／跖骨更常发现。然而，有时很难区分指／趾节骨是来自内侧还是外侧的指／趾（第3或第4掌／跖骨）。越接近指／趾骨远端，指／趾节骨的相似度越高；对中指／趾节骨，尤其是远指／趾节骨的精准鉴定很困难。由于指／趾节骨的尺寸较小，对它们的形态测量分析比较困难。相对而言，掌／跖骨形态结构清晰，加之它们在遗址发掘中出土概率较高，具有很高的信息价值（Howard, 1963: 95; Morales, 1988: 459）。指 / 趾节骨是骨骼愈合中最早的一批，因此，相较于使用掌 / 跖骨的测量值，在动物考古学中用指 / 趾节骨的尺寸重构动物的体尺或体重可靠性偏低（Bartosiewicz, 1985: 258）。不过，出于同样的理由，即使是营养不良的个体，指 / 趾节骨也可以在较早的年龄阶段指示遗传体长 / 高（Hammond, 1962）。

2.2　本研究所用牛的品种

役牛的经济价值越来越低意味着从现生个体中获取骨骼标本成了难题。然而，在罗马尼亚发现了相对丰富的材料资源。从罗马尼亚收集的材料现藏于比利时特尔菲伦（Tervuren）的中非皇家博物馆（Royal Museum of Central Africa）[①]。这批材料的数据库还添加了从位于匈牙利布达佩斯的农业博物馆搜集的掌 / 跖骨测量值。这批可供研究的材料组成概况见表 1。一些来自德国的西门塔尔牛、黑白花牛（荷斯坦牛）和布萨牛（Buša）波斯尼亚种的掌骨测量值，也被作为补充材料纳入本研究中。这些数据取自两篇和本研究主题相关的重要论文（Fock, 1966; Mennerich, 1968）。

表 1　样本组成

		前肢		后肢		个体数	病例数
		右	左	右	左		
阉牛（Oxen）	罗马尼亚牛	15	13	13	15	18	31
	匈牙利灰牛	2	3	1	3	4	4
公牛（Bulls）	罗马尼亚牛	5	5	3	3	7	10
	匈牙利灰牛	4	1	5	1	7	7
	匈牙利杂交牛	12	12	12	11	24	24
母牛（Cows）	匈牙利灰牛	44	22	44	22	66	66
合计		82	56	77	55	126	142

注：病例数是以来自同一个体（通常是同侧）单个掌骨和跖骨数量作为计量基本单位。

2.2.1　罗马尼亚的牛

18 头役用阉牛的脚是 1991 年秋冬从罗马尼亚的布泽乌（Buzău）和锡比乌（Sibiu）的屠宰场采集的。每个个体的年龄、性别、体重和生活史都记录在案（见附录）。脚先在腕 / 跗关节处切下，然后剥皮并深冻冷藏，最后运抵比利时。

[①]　该博物馆的官方名称是 "Koninklijk Museum voor Midden-Afrika"（KMMA）和 "Musée Royal de l'Afrique Centrale"（MRAC）。本研究中使用的标本由前缀 AMT（Africa Museum Tervuren）和其登记号指定。

　　这批动物生前饲养在布泽乌附近的村庄[比索卡（Bisoca）、罗巴塔（Lopătari）、贝斯泥（Beceni）、卡皮尼斯蒂（Cărpiniştea）、布拉贾尼（Blăjani）、扎尔内斯蒂（Zărneşti）]和锡比乌邻近地区[阿尔巴朱利亚（Alba Julia）地区；图2]。两地皆为海拔300—700米的低丘地区。尽管这些牛的血统没有精准的记录，但根据地方志和它们的外貌特征可推断出，其主要是由两种牛种杂交而成（图3—图6）。一种是本地型的"草原牛"，和匈牙利灰牛一样同属于波多利亚（Podolian）种。在第一次世界大战到第二次世界大战期间，本地的摩尔达维亚（Moldavian）型母牛的体重为300—550千克（Magyari, 1941: 236）。另一种是受引进该地区的阿尔卑斯褐牛影响的传统褐奶牛（Gaál, 1966: 276）。但是，这种传统奶牛已经不再是一个界线清晰的品种。罗马尼亚的瑞士褐牛体重为380—550千克，而马拉穆列什褐牛（Maramures Brown cows）体重为475—550千克（French et al., 1967: 283）。这两种本质上完全不同的牛可能已在喀尔巴阡地区（Carpathians）杂交了几个世纪，用来改良本地小型短角产乳用牛的产出（Gaál, 1966: 177）。

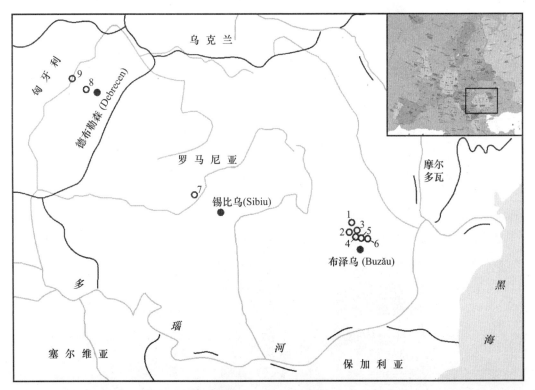

图2　研究材料产地地理位置示意图——布泽乌（Buzău）、锡比乌（Sibiu）和德布勒森（Debrecen）
中心地区地理位置示意图

为布泽乌屠宰场提供生牛的村庄主要包括 1. 比索卡（Bisoca）、2. 罗巴塔（Lopătari）、3. 贝斯泥（Beceni）、4. 卡皮尼斯蒂（Cărpiniştea）、5. 布拉贾尼（Blăjani）和 6. 扎尔内斯蒂（Zărneşti）；锡比乌的动物来自邻近的 7. 阿尔巴朱利亚（Alba Julia）地区；匈牙利德布勒森的牛主要来自附近的 8. 加特（Óhat）和 9. 吉霍尔托巴（Hortobágy）

图 3 在锡比乌屠宰场采集的标本（编号 AMT91.107.M13 或 M14，1991 年 10 月采集）
该牛生前用于把木材从林场拉到运输中心

图 4 采自布泽乌地区的阉牛（1991 年 10 月采集）
两头牛都是 9 岁，在 3 岁时被阉割，体重均约为 700 千克。两头牛可一起拉动装载量高达 2000 千克的车

图 5　采自布泽乌地区的阉牛（1991 年 10 月采集）

图 6　采自布泽乌地区的牛（1991 年 10 月）

左前是一头 6 岁母牛，右后是它的幼崽，一头年龄不到 1 岁的公牛。两头牛的负载看似很小，但主要缘于该处地形十分陡峭

这批研究标本中有一头老年役用阉牛和两头较年轻的役用阉牛（AMT 91.107.Ml、M5 和 M9）生前在林区中承担运送木料的重役。还有一头役牛（AMT 91.107. M6）是用于运输较轻货物的，屠宰年龄为 19 岁，是少见的高龄。所有牛的大致年龄（6—19岁）都是由畜主提供，活重则是在屠宰场记录的。这批役畜的平均年龄是 10.5 岁，平均活重是 583 千克。这些资料显示，即使是年龄较大的罗马尼亚阉牛也比匈牙利灰牛阉牛的体型小。一对这种罗马尼亚阉牛可以拉重达 2000 千克的货物。

7 头青年育肥公牛的脚也被作为"对照样本"进行了采集。事实上，这些牛和罗马尼亚阉牛属于同样的杂交品种和类型，与我们研究的匈牙利农业博物馆的标本存在很大的相关性。根据当地所采集的信息，即使是青年公牛也很可能被用来使役（图 6），它们通常会在 3 岁的时候被阉割。

在罗马尼亚并未采集到来自母牛或者较年老的公牛的牛脚骨。因此，本书将匈牙利农业博物馆馆藏的匈牙利灰牛标本也纳入了研究范围。

2.2.2 匈牙利灰牛及其杂交种

对于匈牙利灰牛的起源，学界存在广泛争议（Brummel, 1900: 34; Hankó, 1936: 53; Matolcsi, 1982: 24; Gaal, 1966: 40; Bökönyi, 1974: 143）。尽管如此，这一品种无疑属于波多利亚种草原牛，这一种牛在南欧和东欧许多国家的农业生产中占据重要地位。在 16 世纪，匈牙利是向西欧出口活牛的主要国家（Jankovich, 1967: 428; Bökönyi, 1974: 147）。

大体型的匈牙利灰牛阉牛因其优越的役用性能而备受青睐。在 19 世纪，役用是对这种牛进行开发的重点。从 18 世纪下半叶起，描绘长角匈牙利灰牛阉牛牛耕场景的作品变得较为常见。例如，出自迈泽恰特（Mezőcsát）的一幅公元 1771 年的画作（图 7）和出自久洛（Gyula）东仪天主教会的一幅 19 世纪早期的壁画（Balassa, 1981: 6, 12）。这

图 7　1771 年的匈牙利灰牛牛耕图，来自匈牙利迈泽恰特

两幅作品都展示了 4 头阉牛共轭的场景。这种牛可能比其他大部分品种的牛更耐持久劳役，耐粗饲（Bodó, 1973: 358）。因此，在引进肉奶兼用型的西门塔尔牛提升产奶量后的很长一段时间里，匈牙利灰牛依然受到人们青睐（Zólyomi, 1968: 456）。

匈牙利灰牛曾面临灭绝的威胁，其种群数量一度减少到仅有 200 头母牛和 6 头公牛（Bodo, 1973）。目前，匈牙利境内的 8 个畜群约饲养了 1000 头母牛。通过循环交配和回交控制近亲繁殖（Bodó, 1990: 74; Bartosiewicz, 1993a: 57）。匈牙利灰牛体重大，成熟晚，脂肪较少，早期生长速度快且繁殖能力强（Bodó, 1985: 115）。总之，匈牙利灰牛由于体型大、四肢长，成了役畜首选（Van Wijngaarden-Bakker, 1979: 358）。

Bodó（1987: 15）把匈牙利灰牛品种分为四种类型，它们的基本体尺情况见表 2。在这 4 种类型中，体型较小的"原始"类型和"良种"乳用类型面临最严重的灭绝威胁。关于畜牧方面的影响，Magyari（1941: 239）观察到一直在小型牧场饲养的匈牙利灰母牛与一直在技术先进的大型庄园里饲养的母牛之间存在体尺差异。肩高适中通常是挑选役牛的标准（表 3）。

表 2　四种成年匈牙利灰牛母牛和公牛的体尺值（Bodó, 1987: 15）

		原始型（Primitive）	役用型（Draught）	良种型（Fine）	肉用型（Industrial）
母牛	活重（Live weight）	300—400	600—700	400—500	500—600
	肩高（Withers height）	120—125	145—155	125—130	135—140
	体长（Trunk length）	140—150	160—180	140—150	150—170
	胸围（Girth circumference）	175—190	210—230	185—195	195—210
公牛	活重（Live weight）	600—700	950—1050	700—800	800—950
	肩高（Withers height）	130—140	155—170	135—145	145—155
	体长（Trunk length）	150—160	180—190	155—165	175—185
	胸围（Girth circumference）	200—220	230—250	200—220	220—230

注：活重以千克为单位，其他测量单位均为厘米。

表 3　饲养在小型农场与大型庄园的匈牙利灰牛的肩高对比（Magyari, 1941:239）

		小型农场	大型庄园
样本量		74	83
年龄（年，岁）	平均值	6.59	7.73
	标准偏差	2.66	2.28
肩高（厘米）	平均值	132.65	137.39
	标准偏差	1.41	1.42

除了母牛、公牛和阉牛外，本研究中使用的比对标本中也囊括了育肥公牛。这些育肥公牛是匈牙利灰牛与俄罗斯的乳用型科斯特罗马牛（Kostroma）的杂交一代。科

斯特罗马牛有阿尔高牛（Allgäu，奥地利褐牛）的血统。这些杂交牛在一定程度上和罗马尼亚的比对标本类似，是前文所述传统杂交牛的另外一个类型，即"草原牛"与乳用瑞士褐牛（阿尔卑斯褐牛）杂交形成的品种。这些动物的一些基本体尺数据见表4。根据表4中的平均值和表2中总结的标准，藏于匈牙利农业博物馆标本库中的匈牙利灰牛（成年公牛和母牛）的掌/跖骨来自选育大体型，即肉用类型为目标的品种。其中母牛的肩高落在了小型农场和大型庄园的数值之间，与第二次世界大战之后标准的肉牛或大型庄园型分布得最为广泛的情况相符（Bodó, 1987: 11）。

表4 匈牙利灰牛、科斯特罗马牛和两者的杂交一代牛（F1）的平均体尺

	匈牙利灰牛（匈牙利农业博物馆）				F1（杂交一代）	科斯特罗马牛（良种登记册）	
	公牛（年老的）	公牛（年轻的）	母牛	阉牛	公牛	公牛	母牛
样本量	2	5	66	6	24	不明	
年龄（年，岁）	10.5	1.9	7.3	7.2	1.9	成年	
活重（千克）	835	554	414	583	576	720	470
肩高（厘米）	154	135	135	143	136	135	127
体长（厘米）	185	157	153	166	158	167	152
胸围（厘米）	232	198	185	199	197	205	179
出生重（千克）	38	38	33	38		40	37

注：良种登记册的数据和出生体重引自 French et al., 1967: 270, 404。

79头匈牙利灰牛样本都至少有一侧掌/跖骨可供研究。表4中根据这些标本的年龄和性别对它们的基本情况做了汇总。这些动物曾饲养在匈牙利大平原上的吉霍尔托巴（Hortobágy）和加特（Óhat）国营农场，20世纪60年代早期在布达佩斯的屠宰场被宰杀。按理说，这组标本中的阉牛和母牛都至少应该服过轻役，但是没有可靠的记录来证实这种可能性。这些阉牛标本和罗马尼亚牛标本的年龄相仿。而公牛标本中除了两头老牛之外，其余均和罗马尼亚的比对标本的年龄阶段相一致。其他24头肉用育肥的年轻公牛，即匈牙利灰牛与乳用科斯特罗马褐牛的杂交一代牛，则和罗马尼亚比对标本中的年轻公牛情况更相似。它们不仅年龄一致，而且都属于"草原牛"和褐奶牛的杂交种。

第 3 章 研 究 方 法

除了史学研究和文献综述，本书也采用了一些科技手段，以提取有关牵引使役对牛骨产生影响的信息。

3.1 准 备 工 作

罗马尼亚牛的脚运抵实验室后并进行了拍照。每件标本都从两个角度拍摄了黑白照片，部分还拍摄了彩色照片。除了3头役用阉牛（AMT 91.107.M2、M11 和 M13）的脚留作个体解剖外，其余所有标本均使用脱脂剂 "Aquaquick（氨水）" 浸泡处理，没有除去蹄匣和蹄铁。

3.2 病理和亚病理变形的外部形态观察

研究者在罗马尼亚牛的掌/跖骨和指/趾骨上观察到了一系列病变（见章节5.1）。为了系统地描述每件牛骨标本，本研究使用了一套计分系统对骨的形态特征进行量化和进一步分析。跗骨只有和跖骨近端粘连的时候，才纳入研究范围。

观察到的大多数病变程度都用1到4分来表示：1分表示没有病变，而4分表示极严重的病变。对于一些特定的病变程度则用1到3分来代表，还有一些仅用"有/无"来表示（计为1或2分）。本研究使用能代表每种病理变化不同阶段的若干比对标本建立起一个参照系列，用于比对分析全部采集标本。这一参照系列是为了让计分方式更加一致，具体图示和描述见第5章。为了减小主观因素在骨骼病变识别中的影响，病理现象由3位观察者各自独立记录。所有标本个体的分数均为每个观察者给出的每种病理变化的分数的平均值。然后计算这3位观察者所给分数的均值（m. v.）、标准偏差（s. d.）和变异系数（用%表示，c. v. = s. d. ×100/m. v.）。因为不同类别的病变采用不同的标准来给分（1到4分；1到3分；1或2分），所以变异系数能很好地体现3位不同的观察者在计分上的一致性。如果 c. v. 值超过10，则认为数据的离散程度过大（Simpson et al., 1960）。

每件骨标本都计算病理指数（PI, pathological index），其变化范围是0到1。

PI =（总分 − 变量数）/（最高分 − 变量数）

PI（掌骨）=（总分 − 9）/17

PI（跖骨）=（总分－8）/16

PI（近指/趾节骨）=（总分－5）/11

PI（中指/趾节骨）=（总分－5）/11

PI（远指/趾节骨）=（总分－3）/7

此 PI 指示了每件骨标本受病理变化影响的程度。同样地，也可以计算每个个体的病理指数（IPI）。

IPI=（出现的每块骨头的 PI 之和）/（骨头的数量）

3.3　骨 骼 测 量

3.3.1　骨的外部测量方法

本研究应用的掌/跖骨的外部测量方法如下（序列号即为图 8 中显示的测量项）。

1：最大长（GL）

2：近端最大宽（Bp）

3：近端内侧宽（Bpm）

4：近端最大厚（Dp）

5：骨干最小宽（SD）

6：骨干最小厚（DD）

7：远端最大宽（Bd）

8：远端内侧轴状关节面最大宽（BFdm）

9：远端内侧轴状关节面最大厚（Ddm）

10：远端外侧轴状关节面最大厚（Ddl）

11：远端到骨干最小宽处的距离（DiSD）

12：远端到骨干最小厚处的距离（DiDD）

13：远端外侧轴状关节面最大宽（BFdl）

14：远端轴状关节面矢状嵴间宽（Bcr）

15：远端内侧轴状关节面矢状嵴到内侧缘的距离（Dcm）

16：远端外侧轴状关节面矢状嵴到外侧缘的距离（Dcl）

测量方法主要参考冯登德里施（von den Driesch, 1976: 92-93）的《考古遗址出土动物骨骼测量指南》[1]，而远端厚的测量方法（上文的 9 和 10，即 Ddm 和 Ddl）参考了 Dürst（1926: 488）对轴状关节面最大直径的测量。第 3 掌/跖骨近端关节面内侧最

---

[1]　译者注：此书已在国内翻译出版，见安格拉·冯登德里施著，马萧林、侯彦峰译：《考古遗址出土动物骨骼测量指南》，科学出版社，2007 年。

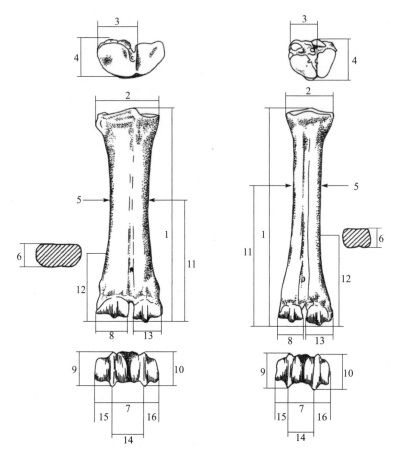

图 8　本研究中掌骨（左）和跖骨（右）的主要测量项
有关测量的说明详见 3.3.1

大宽（3，Bpm）类似于 Speth（1983）测量美洲野牛骨的方法，即测量关节窝的内侧缘到关节面的内侧缘。第 3 跖骨近端宽的测量方法也与之类似。内侧轴状关节面的宽（8，BFdm）参照 Thomas（1988：86）测量"内侧髁"宽的方法。按这些方法测量掌骨和跖骨的近端和远端，可以看出在完整的大掌 / 跖骨（由第 3 和第 4 掌 / 跖骨愈合而成）中，第 3 掌 / 跖骨发育得较粗壮。显而易见，因为发育较粗壮，内侧部分的近端和远端厚即等同于掌骨或跖骨各自的近端最大厚和远端最大厚（即测量项 4 和 9），而外侧部分只测量远端厚（10，Ddl）。

Davis（1992：5, Fig. 2）设计了一套复杂的测量方法，用来检测由损伤引发的变形所导致的"不对称性"（Simon Davis，个人通信）。然而，在耕牛变形的骨头上无法沿着 Davis 定义的轴状关节面中线（Davis, 1992: Fig. 5a and b）进行稳定测量。因此，在本研究中用远端内侧和外侧轴状关节面的最大宽（分别为 8 和 13，即 BFdm 和 BFdl）来取代这些测量项。

原则上，与正中矢状面平行的两个附加的纵向测量项（分别为 11 和 12，即 DiSD

和 DiDD）很有价值。然而，这些测量项在特征上显示出了很大的自然变异性，且难以被精准测量。这两个因素导致了不成比例的高变异系数，可能会造成计算偏差。此外，Dürst（1926: 485）指出，相比于掌 / 跖骨从最小宽处和最小厚处到关节面的距离，最小宽和最小厚本身更具实用价值。尽管如此，这些距离数据在做掌 / 跖骨横向计算机断层扫描 [①] 时对确定位置有所帮助。

　　一小组测量项（13 到 16）是专门用于描述掌 / 跖骨远端的不对称性。测量项 15 和 16 通过轴状关节面上的矢状嵴在纸上的拓痕来记录。为确保掌 / 跖骨按垂直方向标准放置，这项操作需在测量盒中进行。

　　指 / 趾骨的形态测量分析并不是那么重要。对指 / 趾骨进行测量基本上只是为了资料存档，这是由于目前仅在匈牙利农业博物馆藏有少量指 / 趾骨的比对标本（即仅存在于匈牙利灰牛的完整骨架标本中）。对近指 / 趾节骨和中指 / 趾节骨的测量（von den Driesch, 1976）包括以下几项。

　　1：最大长（GL）

　　2：远轴侧最大长（GLpe）

　　3：近端宽（Bp）

　　4：近端厚（Dp）

　　5：远端宽（Bd）

　　其他测量项彼此矛盾之处太多，无法记录。远指 / 趾节骨也很难用普通卡尺精确测量（Higham et al., 1981: 358）。较年老动物的远指 / 趾节骨经常因为骨赘（外周副韧带附着部位骨化）而发生形变，这可能是牵引使役造成的。所以，没有对这类骨头进行形态测量计算。然而，尽管这些脆弱的赘生物在发掘过程中经常破损，但还是偶尔能在考古遗存中发现它们（Hürst, 1990: 45, Fig. 18e）。因此，远指 / 趾节骨可以在宏观形态测量分析中起到重要作用。

　　以下测量项用来测量少数保存完好的蹄匣：

　　1：最大长（GL）：通常沿蹄匣最前和最后的两点之间的对角线测量。

　　2：最大宽（GB）：测量蹄匣呈拱形的外侧缘和内侧缘之间的最大宽度［通常会和最大长（GL）的中点相交］。

3.3.2　统计分析

　　用 BMDP 统计软件（Dixon, 1981）对骨头的各种测量数据进行统计分析。

---

① 译者注：即常说的 CT 扫描。

3.3.2.1　单变量和双变量统计分析方法

原始数据主要为均值和标准偏差。除基本的描述外，这些数据有时也被用于计算罗马尼亚阉牛掌／跖骨每个测量项的标准分数，单变量的统计参数来自同一品种的公牛。生成的直方图被用于阐释 t 检验。

双变量的散点图和回归分析都采用常规或者双对数的形式。进行这种转换是为了减少数据集的异方差性，为常以相对增长曲线为特征的指数函数提供更加容易掌控的线性趋势。这一方法很大程度上可与研究异速生长的经典方法相对应（Huxley, 1932），最近在单纯以动物考古研究为目的以及预测考古遗址常见各类动物种属的生物量的研究中较为流行（Reitz and Cordier, 1983; Reitz et al., 1987）。

3.3.2.2　多变量分析

因子分析（factor analysis, Frane et al., 1981）和判别分析（discriminant analysis, Jennrich and Sampson, 1981）是本研究最常用的多变量分析方法。每种方法的详细参考资料和对其结果的评估标准都一并给出。

本研究直接使用的研究材料，都对其相关的掌骨、跖骨的测量结果进行了因子分析（采用正交旋转法，也称方差最大旋转法）。原始数据的十进制对数用于分离出一个等距的、主要与年龄相关的尺寸成分（Somers, 1986: 360）。与性别和可能存在阉割行为相关的模式，通过研究剩余的总方差来建立。分析的样本中除属于本研究重点的阉牛和公牛外，还包含了 66 头匈牙利灰牛母牛的掌／跖骨。

判别分析用于分析先验组的数据，如公牛组、母牛组和阉牛组。

3.3.2.3　数据重构

数据重构主要是为了推算缺失值，如无法估算的破损骨头上的测量值。数据矩阵中的空白格可能限制了可用于统计分析的个体数（Bartosiewicz, 1986b: 283）。役牛的肩高可以通过掌／跖骨的长度（Bartosiewicz, 1988: 365）、牛的年龄和活重等各类数据进行精确估计。这些估计值总是基于样本中完整标本测量值十进制对数之间的显著相关（Frane, 1981）。

我们通过文献插图中数据点的坐标来获取一些没有发表的原始测量数据（Fock, 1966; Mennerich, 1968）。起初，分别以指数值（BP/GL、SD/GL 和 BD/GL）和最大长（GL）为横、纵坐标作图。然而，这种"经典"的图形表达方式的数学可靠性最近饱受争议。因此，要通过倒推原始测量数据来检验指数值的准确性。没有这一重构尝试，就只能用同类的指数来比较我们自己的数据。但是，随后对这些比值的统计分析可能会不可靠，最大长度（分母变量）会具有较大的标准偏差（Mennerich, 1968, Fig. 2）。根据 Atchley 等人（1976: 146）的模拟，当为了消除尺寸大小变异的影响而采用这种变量来缩放数据时，相关性的绝对值可能会不成比例地增加。从文献中重构数据为重新分析和额外阐释提供了可能。

3.4　其他分析方法

3.4.1　标准 X 射线分析

本研究采用 X 射线拍照有几个目的。首先，X 射线照片用来记录浸泡之前牛脚的骨头之间以及其和蹄铁的相对位置。这些照片也打算用于在解剖前提供病变的信息。第二组 X 射线照片用于研究内部的骨结构。X 射线照片是用一台 Balteau[1] 公司生产的50kV 型仪器，约在 90 厘米外拍摄。曝光所用电压为 44 kV，时间为 6 分钟。根据骨头的厚度，曝光所用电流在 8—9 mA 间调整。这相当于 3240 M. A. S. 值[2]。拍照时使用Agfa-Gevaert[3] 公司生产的 D4 型胶片。

3.4.2　骨矿物质含量分析（BMC）

估算骨矿物质含量（BMC）是为了描述掌（跖）骨的骨化过程和内外两侧的不对称性。近年来，在动物考古学的埋藏学研究中越来越多地应用了各种 BMC 的检测方法（Shipman, 1981; Lyman, 1984; Kreutzer, 1992）。遗憾的是，此类方法的大规模应用依赖于精密硬件的广泛使用，所以往往受到经费紧张的限制。此外，随着非均质组织复杂程度的增加，得到的结果可能变得不准确（Nicholson, 1992: 139）。尽管如此，此方法仍可以对从罗马尼亚收集的大多数个体（11 头役用阉牛，4 头青年公牛）的致密掌 / 跖骨进行 X 射线拍照辅助测量。

检测 BMC 所用的仪器为 Hologic[4] 公司生产的 QDR-1000/W 型骨密度仪。测量骨密度的方法是骨质对 X 射线的吸收量的值与 "Comac 骨密度体模"[5]（第 2 号规定）标

---

① 译者注：中文名为比利时波涛，是比利时的一家知名 X 射线机生产制造商。该公司成立于1906 年，以其设计和制造的便携式 X 射线机技术而闻名。公司网站为 http://www.balteau.com/。

② 译者注：M.A.S. 为 "毫安秒" 的缩写，即 "毫安 × 秒"，表示 X 射线的量。

③ 译者注：Agfa-Gevaert，中文名为爱克发·吉华集团，是一家位于比利时的欧洲跨国公司，从事发展和制造用于生产、处理、复制影像的类比和数位产品，亦曾从事民用摄影器材生产。总部设在比利时。

④ 译者注：Hologic，美国公司。公司网站为 http://www.hologic.com/。

⑤ 译者注：Phantom，根据 http://dict.cnki.net/dict_result.aspx?searchword=phantomComac phantom 网站内容，其由 Siemens 公司工程师 Dr. Willi Kalendar 设计。具体见 http://www.diagnosticimaging.com/articles/dxa-group-chooses-third-party-phantom。

准值之间的比值。对骨头的横切面进行初步测量时，在掌 / 跖骨的远端会产生最低及最多样化的密度值。因此，选取这些骨头的远端带骨干部分作为研究对象。计算基于位于掌 / 跖骨最大长中点的横切面以下的背侧部分。结果采用面积骨密度值（g/cm^2）的形式呈现。

3.4.3　计算机断层扫描（CT）

计算机断层扫描（CT）可提供骨的内部测量数据，特别是骨密质的变化。在本研究中，使用一台 Hilight Advantage 型 CT 机对罗马尼亚牛每个个体的两个掌 / 跖骨进行扫描，并用一台 IQ Picker 型模型机扫取了匈牙利灰牛 2 头母牛和 2 头公牛的掌 / 跖骨的影像。

CT 图像是由环绕研究对象的 X 射线管采集的一系列二维 X 线片合成而来（Brooker, 1986; Kak and Slaney, 1988）。因此，用于分析的横切面包括了位于掌 / 跖骨长轴中点的骨干横截面，对近端和远端骨骺部分，每隔 10 毫米拍摄 3 张 X 线片。只要掌骨的骨干最小宽和最小厚所在位置到其远端的平均距离是掌骨最大长的 33.6%—52.4%，跖骨的骨干最小宽和最小厚所在位置到其远端的平均距离是跖骨最大长的 35.7%—57.9%，那么在此范围内可以任意选取骨干的横切面位置。然而，考虑到这些测量项落在骨干上的位置范围太大，标准横切面选在最大长的中点位置（和远端的相对距离为 50%）看起来最为科学。不过，这个位置相对于掌 / 跖骨的最小横切面所在位置还是稍微靠上（根据骨的外部测量平均值，在掌骨上是 43%，在跖骨上是 46.8%）。对于外侧骨皮质区域的骨密度，同样根据这些中点横切面的 X 线片进行估算。

3.4.4　磁共振成像（MRI）

磁共振成像使用一台 Bruker（布鲁克）[①] 公司生产的 Biospec 系列仪器进行。MRI 的用途是确认役用阉牛与年龄相关的骨骼变化及跗节内肿的发展情况。磁共振成像记录暴露在磁场中无线电波下的生物体内水分子中的质子的磁性（Schultze and Cloutier, 1991）。此项分析技术对于十分致密的、浸泡脱脂的骨头并非完全适用。由于致密度极高的掌 / 跖骨的含水量很低，骨头在做 MRI 之前必须在真空环境下浸泡于石蜡油中达 24 小时。石蜡油可提供具有适宜黏度特性的媒介。这一方法确保了实验结果的有效性。由于在矿化过程中亚化石标本骨骼内的亚铁化合物及锰的含量发生变化，极大地改变了骨头的磁性，MRI 对这种标本并不适用。

---

① 译者注：Bruker，美国公司，网站为 https://www.bruker.com/。Biospec 系列见 https://www.bruker.com/cn/products/mr/preclinical-mri/biospec/overview.html。

3.4.5 微形态分析

通过使用上述成像技术，即 CT 扫描及 MRI 扫描分析，可确定骨骼标本上可能指示役用的部位。这些技术具备无损检测的优势。其中，CT 成像可充当连接宏观与微观形态研究间的桥梁，MRI 扫描则可提供骨骼整体结构的信息（Schultze and Cloutier, 1991: 162）。

M. Fabis 对所采集的罗马尼亚牛部分适用材料进行了微观研究，在第 7 章中将对这些研究材料、方法和结果进行说明。

第4章　牵引使役的构成要素

在工业革命之后，对犁的研究引起了学界的较大关注（Pusey, 1840; Reinhardt, 1895）。然而，大多数详细的研究是关于马的（Krynitz, 1911），通常认为相对于牛的役用，马的牵引使役代表了技术的进步。对于牛耕是否比马耕更具有优势这一观点的争论长期存在，到 18 世纪才逐渐平息（Fussell, 1968: 34）。17 世纪时，匈牙利的马和阉牛的数量比在 1∶1.4 到 1∶6.3 之间（Gaál, 1966: 182）。尽管如此，马在农业机械化后较长的一段时间内仍保持着重要的地位，并被视作可行的机械替代品（Van Rijn, 1929）。

本章介绍牵引使役的组成要素，并说明力的复杂性可能导致的脚部结构变化。牵引使役的程度受到这些变量之间的相互作用和其他因素的影响，包括在特定社会环境下进行的劳作类型、可供使用的牧场面积（马作为一种单胃动物，其饲料中谷物的含量要比牛高，见 Perkins, 1975: 8）以及与市场的距离。

4.1　载　重

随着在中世纪使用马牵引的发展，在牛和马的役用上出现了一定程度的专业化分工（犁地、耙地、牵引、客运等）。然而，牛和马的役用分工并非泾渭分明（Langdon, 1986: 26）。对这些动物的利用存在相当大的灵活性，往往取决于当地的地理和经济条件。历史文献和民族志资料中均有对在同一耕作队伍中并用阉牛及马科动物的记载（Lefebvre des Noëttes, 1931）。也有同一头牛既用于耕地，也用于拉车的情况。来自阿隆（比利时）的一幅罗马晚期的浮雕就展现了这种情况。浮雕上是一对阉牛在犁地，在它们旁边放着一辆空车（Ferdière, 1988: 27）。

牛和马在解剖学上存在明显的差异，对于马的解剖结构的研究有助于阐明其在牵引活动中拉力及压力的作用模式。表 5 是对 Van Rijn（1929: 53）发表的原始实验数据的统计分析，实验表明马可以搬运比自身活重 2—5 倍的货物。到 19 世纪中叶，马在旅客运输中普遍的挽力值为 1125—1500 千克（Lefebvre des Noëttes, 1931: 128）。该值与上述马的性能测试中的下限值相对应，高于罗马尼亚阉牛个体 750 千克的挽力（数据引自地方志）。Ağlasun（土耳其布尔杜尔省）附近的农民告诉我们，两头阉牛可以拉起 1000 千克的货物。

匈牙利灰牛可用平均 4—5 千米 / 时的速度拉重 500 千克（French et al., 1967: 271）。

其活重和罗马尼亚役牛相近，因此，这一体重明显比其负荷轻，在平坦的地形上更是如此。显然，可以通过限制载重量来防止动物受伤和过早疲劳。这在历史上有迹可循，拜占庭皇帝狄奥多西斯二世在公元 438 年颁布了一项法令，规定无论是一组马还是一组牛所拉载的重量都要限制在 500 千克左右（Lefebvre des Noëttes, 1931: 157; Burford, 1960: 9; Leighton, 1972: 2）。

表 5　马在鹅卵石路面上的役用实验的单变量分析（单位：千克）（Van Rijn, 1929）

	马的重量	装载重量	启动力	拉动力
样本量	33	33	31	31
平均值（Mean value）	816.1	2856.2	272.1	33.1
标准偏差（Standard deviation）	174.7	555.4	112.3	12.5
变异系数（Coeff. of variation）	0.214	0.194	0.413	0.378

4.2　系驾法的种类

有证据表明，今天人们采用的各种系驾法在过去也曾被类似地使用过。置于牛角上的原始轭就有广泛的时空分布。除了前述考古遗址出土的角心标本所提供的证据外，还有壁画证据，其中包括来自古埃及（图 9）和 17 世纪佛兰德斯的材料（Naaktgeboren, 1984: 74）。法老时期的壁画主要描绘了置于牛角前侧的轭。只有在特殊情况下，轭才位于角的后侧（Vandier, 1978: 30）。Columella 注意到了这种将挽具绑在牛角上的原始技术，并指出任何有名望的专家都会指责这种技术的不实用（Parain, 1966: 144）。在一本关于艾菲尔地区（Eifel-region）的牛的书中描绘了这种系驾法在现代的应用：两头牛拉着农具，一根链子从农具上系到两条绳带上，一条绳带绑在动物

图 9　古埃及把挽具拴在牛角上驭牛图

出自古王国时期塞加拉（Sakkara）墓群的 Hetepherakhti 石室墓

的前额上，另一条绕在它们的角上（Sielman, 1986: 81）。

　　改良后的系驾法包括将轭置于动物的颈部或者鬐甲（肩部）上使用（Bishop, 1937）。这种设计的早期版本是用颈部下方的绳带固定轭，后来绳带换成了木制的支架（Parain, 1966: 144）。对于第一种类型中肩轭（图 10）的描述，可以追溯到公元前 2000 年的埃及墓葬（Nicolotti and Guérin, 1992: 89, Fig. 1）。有两个现代埃及的案例和古埃及壁画所描述的场景非常相似（图 11、图 12）。在现代案例中，轭是架在动物颈上且用绳带固定的一根横木。与古代壁画（图 10）中类似的一根木棍沿畜体的外侧或右侧固定在轭上。现在，一些国家依然在使用改良后的肩轭。罗马尼亚布泽乌地区（图 4—图 6）和土耳其阿格拉松（Ağlasun，图 13、图 14）的役用阉牛用的轭是一根架在颈上的横木，和置于脖颈之下的另一根横木连接。像以往那样，役用阉牛是由其身体各侧的一根木棍来固定位置的。

图 10　古埃及用牛轭的驭牛图
出自新王国时期底比斯（Thebes）的 Duauneheh 墓

　　这些肩轭给动物的前肢施加了额外的压力，由此导致畜体前部相对较重（Bishop, 1937）。对现代牛轭的力学研究证实，挽具的设计和重量对牲畜的最终功率输出有很大的影响（Hussain et al., 1987: 86）。这又间接影响了役用所导致的病理状况。

　　中世纪时开发了用软材料填充的马用肩套。这一创新是在公元 5 世纪到 8 世纪（Parain, 1966: 144），或者是从 10 世纪开始（Lefebvre des Noëttes, 1931: 4; Langdon,

图 11　两头母牛在上埃及埃德夫（Edfu）附近犁地（摄于 1993 年 4 月）

图 12　两头牛被用来在上埃及埃德夫附近的田野上抽水（摄于 1993 年 4 月）

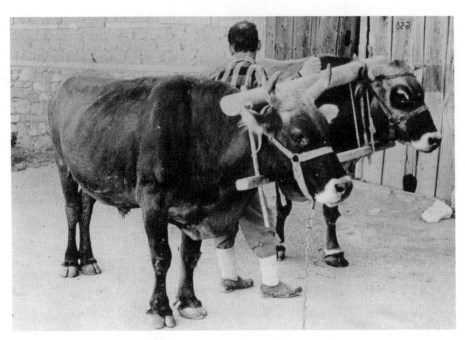

图 13　给来自土耳其布尔杜尔省阿格拉松的一对动物上挽具（摄于 1993 年 7 月）

图 14　土耳其布尔杜尔省阿格拉松的一头带挽具动物的细部图（摄于 1993 年 7 月）

1984: 49）从东北亚传入欧洲的。20 世纪中叶，在德国南部，为了减轻对动物的压力，对役牛采用了同样的系驾法（Naaktgeboren, 1984: 122）。

4.3 地　　形

前文提及的役马实验是在平坦的鹅卵石路面进行的。而在路表状况较差的地面甚或是在稍有坡度的路面上前行时，动物必须施加更大的力。本文引用了 Van Rijn（1929: 56）的原始数据进行了再分析，结果如表 6 所示。

表 6　用马的负荷百分比表示稳定前进所需的拉力（Van Rijn, 1929）

	拉力 / 负载（%）
泥路（Muddy road）	2.0—4.0
沙路（Sandy road）	4.0—10.0
田野（Field）	5.0—20.0

当役畜被用于土地耕作时，这种对于不同地形适应性的差异同样明显。兰登（1986: 158）指出，在英格兰中世纪的文献中已提及牛在多石的地面上难以立足，而马更宜在此犁地。对于沙土地面而言同样如此，人们更倾向于选择较轻的犁役马耕作，这种情形可见于佛兰德斯（Lindemans, 1952: 170）。而在排水不良的田地中，牛由于四蹄较宽，具有更稳定的抓地力而成为更好的选择（Seebohm, 1952: 153）。

基于现代役马工具（相对于阿尔德犁或应用于中世纪的重型犁而言）所得出的实验数据进行分析可能并不恰当。然而，我们仍可以认为，对于役畜来说犁地是一项艰苦的工作。在土壤厚重难耕的地区，牛的表现明显更好。因此，即使马已经被长期、广泛地用于耕作，牛在某些情况下仍是更合理的选择（Langdon, 1986: 100）。在爱沙尼亚和立陶宛的情况正是如此，在这两个国家主要用牛进行犁地（Viires, 1973: 439）。

4.4 装　　蹄

显然，役牛是根据它们的劳作类型来装蹄的。根据德国及匈牙利的民族历史学资料的记载，甚至在耕牛群内有时装蹄方式也会有所区别。在装蹄这件事上，那些役用于对蹄部磨损最严重的砂砾或石子路面的动物得到了最为谨慎的对待（Tormay, 1884: 193; Ferber, 1986）。与之类似，中世纪时，在英格兰的霍斯特德（Hawsted），可能是为了应对坚硬冻结的地表，冬季会专门给役牛装蹄（Seebohm, 1952: 178）。尽管装蹄这一概念始于马的养护，来自英国罗马时期的发现表明，这种技术同样应用于牛上（Langdon, 1986）。Columella 就描述了设计于潮湿环境下保护牛蹄的蹄铁（von den Driesch, 1989: 29）。在中世纪时，装蹄似乎传播得没有那么广泛。Gilles le Bouvier 发现了一件很有意思的事，在 15 世纪中期的伦巴第（Lombardy）地区[①]，役牛与役马采取了同样的装蹄方式（Parain, 1966: 143）。而在英格兰的苏塞克斯郡（Sussex），人们给役牛装蹄的做法一直持续到了 20 世纪初（Seebohm, 1952: 77）。尽管给牛装蹄是为了防止指 / 趾关节受损及预防关节炎，但不正确的装蹄反而会导致创伤和关节病。

　　几乎所有用于研究的采自罗马尼亚的现代役阉牛都装了蹄铁（图 15，见第 8 章的讨论部分）。图 4、图 5 和图 6 中的罗马尼亚役牛没有装蹄。这些个体不在森林中干活，而是在田中劳作或在布泽乌的低丘地区拉货。

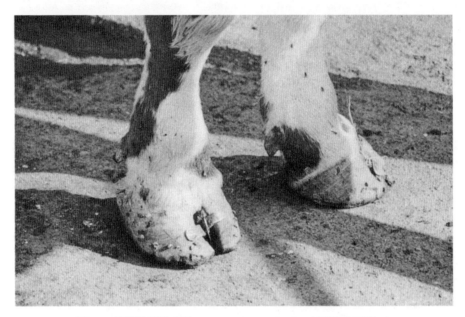

图 15　前蹄装蹄的个体 AMT91.107.M13/M14（同样见于图 3）

4.5　年工作天数

　　牛的日工作时长存在相当大的差别。在谈及匈牙利灰牛的优点时，Hegedűs（1891: 42）表示它们每天劳作的时间可高达 12—14 个小时，而弗莱维赫杂交种牛最多只能工作 8—10 时 / 天。然而，用于本研究中的匈牙利灰牛生前生活在劳役并没有那么繁重的历史时期。役用匈牙利灰阉牛以前通常每年劳作超过 270 天（French et al., 1967: 271）；我们可以想象这种使役强度会如何影响其骨骼结构的变化。据估计，在 11—13 世纪的英格兰，较重负荷的犁地需求基本不超过 100 天 / 年。然而，在封建领主的庄园中很可能存在更为严格的制度。20 世纪初，俄罗斯的牛每年犁地天数仅为 60—70 天（Langdon, 1986: 73）。虽然关于现代罗马尼亚役牛劳作时长并没有确切的数据，但考虑

---

① 译者注：意大利州名。

到大多数役牛都从事拉木材这项繁重的工作，它们不太可能有匈牙利灰牛那样高的作业天数。罗马尼亚当地的劳役需求较为多样，使得役牛不同个体的使役存在较大的偶然性，对母牛及年轻公牛偶然的役用也印证了这一点。又如阉牛 AMT 91.107.M6，生前达到 19 岁高龄，它一生都在做比其他公牛轻的活；这也许解释了它为何更长寿。

在匈牙利，只有来自特别优质的牛群的役用阉牛才能持续劳作到 18—20 岁的年纪（Almássy, 1896: 139）。通常产自特兰西瓦尼亚 [①] 的单用途役牛的屠宰年龄为 12—15 岁（Ruisz, 1895: 48; Battha, 1935: 138）。

土耳其布尔杜尔省（Burdur Province）当地的居民表示，直到最近，人们还在使用 20 岁高龄的役牛。这些家畜被用于犁地及丰收时的运输。它们可以在农闲季节休息，白天出外自由觅食，晚上回到牛棚。

4.6　速　　度

阉牛并不以敏捷著称。在匈牙利进行的一系列实验表明，用来拉货的役用阉牛在路上的行走速度为 5.041—5.976 千米 / 时，而在难耕的土地中进行中深度耕作时的行进速度为 3.234—3.966 千米 / 时。它们在路上的平均步幅为 89 厘米（Tormay, 1906: 192）。匈牙利灰牛阉牛的行进速度为 4—6 千米 / 时，相当于人类正常步行的速度。许多学者都认同马的移动速度要比阉牛快上 1.5—2 倍（Langdon, 1986: 21; Bökönyi, 1992: 70, Fig. 31）。然而，基于 14 世纪佛罗伦萨的资料记载，Lopez 和 Raymond（1955: 356）指出，阉牛在长距离运输中可比马多拉 50% 的货物，这意味着它们在大规模重物运输中将更有效率。

Langdon（1986: 126）曾提及在中世纪的英格兰曾将牛、马混编使用。然而，囿于二者行进速度的差异，这种混编使役似乎在匈牙利被极力避免（Zólyomi, 1968: 454）。

4.7　队 伍 规 模

一个队伍里役牛的数量与个体需要承担的负荷量之间不存在直接关联。较大的队伍可能意味着主人更富有，也可能代表着动物们将受到更好的照料。《摩西五经》中记载了一个罕见的例子，在埃及第十八王朝时期有一支由 6 头牛组成的牛队（Lefebvre des Noëttes, 1931: 54）。Langdon（1986: 67, 126, Fig. 29）指出，尽管在中世纪英文手抄本中从未描绘过超过 4 头牛的牛队（Davis, 1987: 187, Fig. 8.13），然而在封建领主领地上使用的牛队中牛的平均数量接近 8 头，但很少会超过 12 头。Bökönyi（1982: 293）注意到，虽然中世纪的役用阉牛比当时乳用牛及肉用牛的平均体高要高，但它们的肩

①　译者注：指罗马尼亚中西部地区。

高却仅为 118—120 厘米，按照现代的标准只能算是中等水平。因此，他认为欧洲境内用于犁地的牛队都需要配备 8 头牛。在中世纪的威尔特郡（Wiltshire），较富裕的佃户经典的役畜配置通常是一匹马再加上 2—6 头役用阉牛（Langdon, 1986: 201）。

在一封来自匈牙利 1398 年的信中提到了一辆由 4 头役用阉牛拉的装木材的货车；类似地，在一份 1406 年的征用公告中提及 4 辆四轮货车和 16 头役用阉牛（Mályusz, 1958: 4563, 5300）。这些文件表明，在中世纪，常见这种由 4 头役用阉牛组成的队伍。壁画及文献资料也反映出，在 17—18 世纪，匈牙利常采用 4 头役用阉牛组成一支队伍（Balassa, 1981: 6, 12）。1828—1844 年的财产清单显示，在匈牙利北部的农场中，除了由 2 头役用阉牛组成的队伍外，最常见的就是由 4 头役用阉牛组成的队伍（Zólyomi, 1968: 457）。在匈牙利的俗语中常以 6 头役用阉牛作为财富的象征（例如"拥有 6 头役用阉牛的人"），或用它来形容异常艰巨的任务（例如"需要 6 头役用阉牛"；O. Nagy, 1976: 526）。

然而，许多来自不同时代和地区的插画中都只描绘了 2 头使役中的阉牛，有时甚至仅有 1 头（Balassa, 1981: 5, 11, Fig. 9; Naaktgeboren, 1984: 74; Langdon, 1986: 23, Fig. 12）。比起绘画传统，真实的情况更有可能是农民无法负担起过多的牲畜，或仅仅是因为单次作业仅需使役 1—2 头牲畜（图 16）。罗马时代晚期的某些马赛克艺术（例如

图 16　1675 年夸美纽斯在布拉索夫出版的《世界图绘》一书中展示的单头牛耕地的情形

（Balassa, 1981: 6）

图 17　在罗马尼亚拖运木材的役用阉牛

来自法国的 Saint-Romain-en-Gal、瑞士的 Orbe、阿尔及利亚的 Cherchel) 展示了各种各样的农业活动，描绘了无须用到超过 2 头牲畜的犁和四轮货车 (Ferdière, 1988: 13-28)。这种艺术表现可能是受到了传统象征主义的影响 (Richardson, 1942: 289)。然而，就一份 1390 年的法律文件来看，情况显然并非如此。文件中写道，"没收了巴克萨 (Baksa)[①] 农奴们的犁和 10 头役用阉牛" (Mályusz, 1951: 491)。不过，文件中并未明确是否所有牛都作业于同一个队伍。农场记录显示，在 19 世纪末的匈牙利北部，90% 以上拥有役畜的农民仅使用 2 头役用阉牛干活 (Zólyomi, 1968: 459)。匈牙利食盐贸易中使用 8 头役用阉牛拉车的情况被认为是十分罕见的 (Bökönyi, 1974: 147)。

　　在罗马尼亚，役用阉牛按两头一组被用于伐木工作中。它们要把木材从茂密的森林拉到运输中心，这种分组安排增加了运输的机动性 (图 17)。

---

　　①　译者注：匈牙利的一个村。

第5章　形态变化的描述及解释

5.1　病理和亚病理变形的形态描述

罗马尼亚研究样本的指／趾节骨和掌／跖骨中存在不同程度的病理或亚病理变形。虽然本章将提及保存在匈牙利农业博物馆的标本，但这些骨骼标本无法采用相同的系统化标准进行研究。因此，仅在简单的定性分析基础上对这些标本与罗马尼亚的研究材料进行对比分析。

一般认为，虽然年龄、活重和生活环境都会影响动物的骨骼形态，但其中大多形变都会对称地出现，且不会达到严重变形的程度。更为严重的变形被认为是由持续的牵引使役所导致的（例如远指／趾节骨上大块的骨赘，见 Higham et al., 1981: 357, Fig. 3）。严重的病理和创伤性变形或多或少随机分布于全身，并不属于使役造成变形的范畴。这些明显的发生于局部的变形性关节病（arthropathia deformans）的考古案例在文献中经常被引用。Hüster（1990: 45, Fig.18d）曾公布了一件沿长轴整体变形的近指／趾节骨。按理说，在役畜中导致这种情况的创伤发生率应该更高，然而这种病理现象并不能被视为系统性牵引使役导致的直接后果。

为了阐明病理变化的不同阶段，下面将使用系列插图展现各骨骼的异常形态变化。对于这种人为主观的划分，应该建立起一个一以贯之的打分机制。一般而言，对各病变的评分在 1—4 分（表 7）。1 分代表没有变形的"正常"情况，而 4 分代表极端形变的情况。这一系列做法旨在建立起一个可用于对其他现生及动物考古遗存进行比对的标准，从而使对变形的描述趋于定量且一致。

表 7　发生在掌骨（Mc）、跖骨（Mt）和指／趾骨（Ph）上的各种病变的分数极值

病理表现	掌骨（Mc）	跖骨（Mt）	近指／趾节骨（Ph1）	中指／趾节骨（Ph2）	远指／趾节骨（Ph3）
近端骨赘（pex）	（1—4）	（1—4）	（1—4）	（1—4）	（1—4）
近端唇样骨质增生（plip）	（1—3）	（1—3）	（1—4）	（1—4）	（1—4）
远端骨赘（dex）	（1—4）	（1—4）	（1—4）	（1—4）	—
远端增宽（brd）	（1—4）	（1—4）	—	—	—
远端凹陷（depr）	（1—3）	（1—3）	—	—	—
近端骨质象牙化（peb）	（1—2）	（1—2）	（1—2）	（1—2）	（1—2）

病理表现	掌骨（Mc）	跖骨（Mt）	近指/趾节骨（Ph1）	中指/趾节骨（Ph2）	远指/趾节骨（Ph3）
远端骨质象牙化（deb）	（1—2）	（1—2）	（1—2）	（1—2）	
横向条纹（str）	—	（1—2）	—	—	—
融合（fus）	（1—2）	—	—	—	—
关节面上的条纹（facet）	（1—2）	—	—	—	—
总分最小值	9	8	5	5	3
总分最大值	26	24	16	16	10

注：病理表现包括近端骨赘（proximal exostosis，简写为 pex），近端唇样骨质增生（proximal lipping，简写为 plip），远端骨赘（distal exostosis，简写为 dex），远端增宽（distal broadening，简写为 brd），远端凹陷（distal depressions，简写为 depr），近端骨质象牙化（proximal eburnation，简写为 peb），远端骨质象牙化（distal eburnation，简写为 deb），横向条纹（striation，简写为 str），融合（fusion，简写为 fus）以及关节面上的条纹（facet）。总分最小值及最大值为各骨骼部位各自的所有病理表现分值的加和。

　　可观察的病理表现包括指/趾骨及掌/跖骨上的骨赘、唇样骨质增生和骨关节炎，掌/跖骨远端骨骺增宽以及掌侧/跖侧凹陷，跖骨骨干上的横向条纹，掌骨关节面上的条纹以及第五掌骨[①]和大掌骨的融合。下文在对部分病理表现进行概述后，将以骨骼部位为单元对各病理的表现展开详细讨论。

　　骨赘即在骨表新形成的、异常的骨组织（Baker and Brothwell, 1980: 225）。这种异常有时候是由韧带骨化造成的，在指/趾骨中尤为如此（Weidenreich, 1924: 34; Murray, 1936: 72; Weinmann and Sicher, 1955）。唇样骨质增生即关节面骨质增生。在此仅对功能性增生进行评分。如果关节面附近的骨赘没有平滑的表面，则不认为是唇样骨质增生。诊断为骨关节炎至少需要具备以下变化中的三个：关节面产生切槽，骨质象牙化（关节面磨光），关节面骨质增生，以及骨表四周形成骨赘（Baker and Brothwell, 1980: 115）。图 18 展示了一例个体病理变形的数据记录表。

5.1.1　掌/跖骨

5.1.1.1　近端骨赘

　　靠近掌骨（图 19）和跖骨（图 20）近端关节各发展阶段的骨赘可以被区分开。在跖骨样本中可以看到骨赘发展到最严重阶段的状况，继续发展下去跖骨将会与跗骨融合，即发展成跗节内肿。被判定为第 4 阶段的跖骨样本都至少已经有一块跗骨与跖骨发生了融合。在掌骨样本中仅展现了三个发展阶段，需要补充说明的是，对于掌骨样

---

　　① 译者注：此处原作者将牛的"第五掌骨"误作"第二掌骨"（the second metacarpal），译文统一修改为第五掌骨。

Nr	ID	Bone	side	ML	PEX	PLIP	DEX	BRD	DEPR	PEB	DEB	STR	FUS	FAC	Name
3		C3	S	L	4	4				1					An
		C3	S	M	4	4				1					
		C3	D	M	4	4				1					
		C3	D	L	4	4				1					
		C2	S	L	3	4	3			1	1				
		C2	S	M	3	4	3			1	1				
		C2	D	M	3	4	3			1	1				
		C2	D	L	3	4	3			1	1				
		C1	S	L	2	2	3			1	1				
		C1	S	M	2	2	3			1	1				
		C1	D	M	2	2	3			1	1				
		C1	D	L	2	2	3			1	1				
		C	S		3	2	3	3	2	1	1		2	1	
		C	D		3	2	3	4	2	1	1		2	2	
		T3	S	L	4	4				1					
		T3	S	M	3	4				1					
		T3	D	M	4	4				1					
		T3	D	L	4	4				1					
		T2	S	L	1	1	2			1	1				
		T2	S	M	1	1	2			1	1				
		T2	D	M	1	1	2			1	1				
		T2	D	L	2	2	2			1	1				
		T1	S	L	1	1	2			1	1				
		T1	S	M	1	2	2			1	1				
		T1	D	M	1	2	2			1	1				
		T1	D	L	1	1	2			1	1				
		T	S		4	3	1	1	1	1	1	2			
		T	D		4	3	1	1	1	1	1	2			

图 18　个体病变记录表

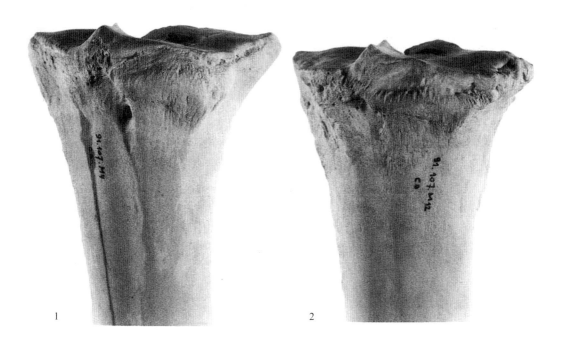

0　　　　　2厘米

图 19　靠近掌骨近端骨赘的各发展阶段
均为右侧样本
阶段 1：阉牛（AMT 91.107.M4）
阶段 2：阉牛（AMT 91.107.M12）
阶段 3：阉牛（AMT 91.107.M10）

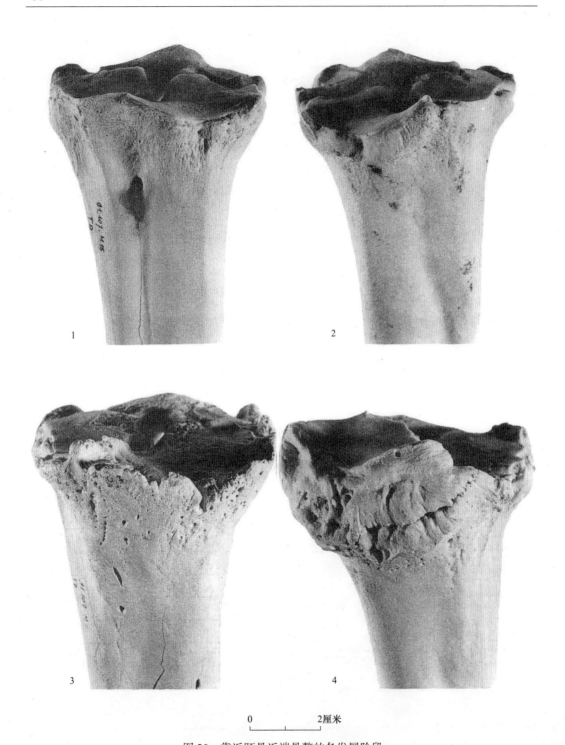

图 20　靠近跖骨近端骨赘的各发展阶段

除代表第 3 阶段的样本为右侧外，其余均为左侧样本

阶段 1：公牛（AMT 91.107.M15）　阶段 2：阉牛（AMT 91.107.M25）

阶段 3：阉牛（AMT 91.107.M11）　阶段 4：阉牛（AMT 91.107.M9）

本来说，一旦出现了腕骨融合的情况，即可被划分到第 4 阶段。比起掌骨（所观察到的发生率为 46%），役用阉牛在跖骨上（所观察到的发生率为 75%）更容易形成近端骨赘。在年轻的公牛身上没有观察到这种病变现象。

5.1.1.2　近端唇样骨质增生

相较于近、中指 / 趾节骨（见章节 5.1.2、5.1.3），在掌 / 跖骨中唇样骨质增生的程度通常没有那么严重，因此，在掌骨（图 21）和跖骨（图 22）中对这种病理表现仅划分了三个阶段。62% 的掌骨在近端发生唇样骨质增生，这一情况在近乎所有跖骨（96%）中都能见到。近端唇样骨质增生是在年轻公牛的掌 / 跖骨中唯一能被观察到的病变现象（在掌、跖骨中的发生率分别为 10% 和 17%）。

5.1.1.3　远端骨赘

靠近掌 / 跖骨远端的骨赘严重程度的差异较大。掌骨和跖骨的评分标准相似，评分范围为 1—4 分（图 23）。阉牛掌骨远端骨赘的发生率过半（54%），而在跖骨中仅为四分之一。在年轻公牛中没有发现这种病变。

5.1.1.4　远端骨骺增宽

掌 / 跖骨远端骨骺的增宽主要发生在内侧轴状关节面上，在外侧轴状关节面也可能观察到这一现象。掌骨和跖骨远端骨骺的增宽评分标准相似，评分范围为 1—4 分（图 24）。一般来说，跖骨的增宽相对不显著，因而更难被观察到。我们发现在阉牛掌骨中这一病变的发生率为 79%，在跖骨中为一半，而在年轻公牛中没有发现这种病变。

5.1.1.5　掌 / 跖侧凹陷

对于成年个体来说，掌 / 跖骨的凹陷常对称地发生在近远端骨骺骨干的掌 / 跖侧，这个位置在解剖学上对应掌 / 跖骨和近指 / 趾节骨之间的关节囊位置。该病理表现在掌骨（图 25）和跖骨上的评分范围为 1—3 分。在阉牛掌骨上的发生率（44%）高于跖骨（21%），年轻公牛未见。

5.1.1.6　近端或远端的骨关节炎

骨关节炎相对罕见，必须同时出现若干病理表现才能被确诊。因此，对这一疾病的评分建立在判定各病变是否出现的基础上（阶段 1：不出现；阶段 2：出现）。近端和远端关节单独计分。仅在 2 头阉牛身上观察到了这种病变，分别为个体 AMT 91.107. M11 一侧跖骨的近端关节，以及个体 AMT 91.107. M4 两侧跖骨的远端关节（图 26）。

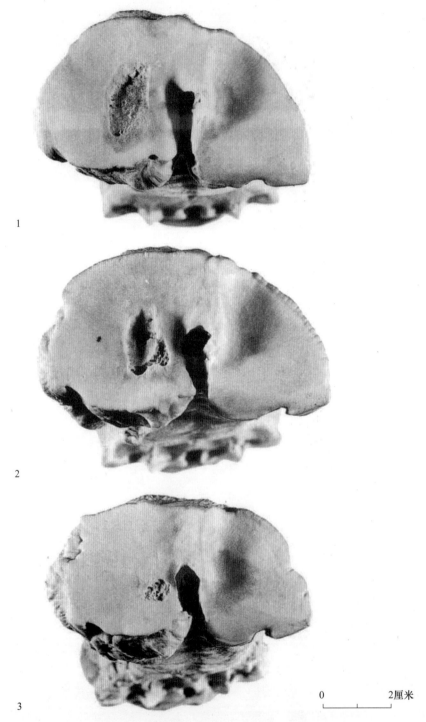

图 21　各阶段掌骨近端关节面唇样骨质增生

均为右侧样本

阶段 1：阉牛（AMT 91.107.M1）

阶段 2：阉牛（AMT 91.107.M3）

阶段 3：阉牛（AMT 91.107.M12）

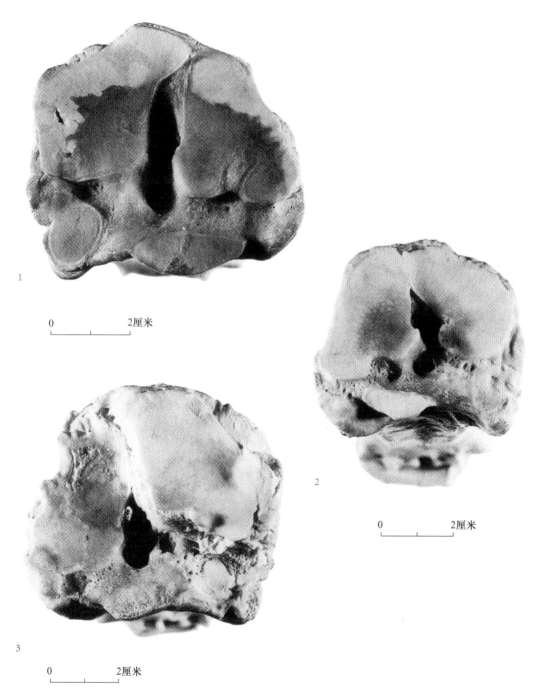

图 22　各阶段跖骨近端关节面唇样骨质增生
均为左侧样本
阶段 1：公牛（AMT 91.107.M15）
阶段 2：阉牛（AMT 91.107.M14）
阶段 3：阉牛（AMT 91.107.M9）

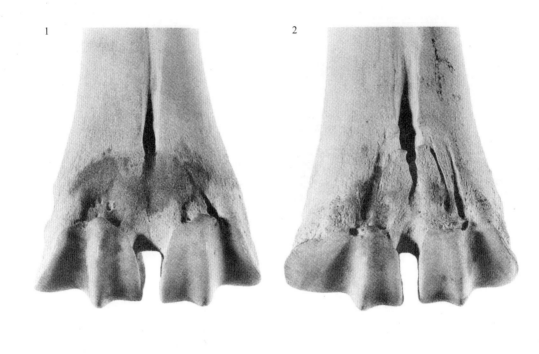

0 —— 2厘米

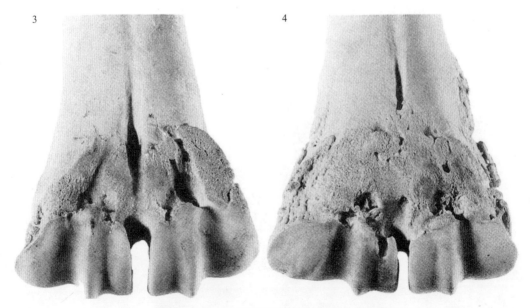

图 23　靠近掌骨远端骨赘的各发展阶段

均为左侧样本

阶段 1：阉牛（AMT 91.107.M1）　阶段 2：阉牛（AMT 91.107.M10）

阶段 3：阉牛（AMT 91.107.M3）　阶段 4：阉牛（AMT 91.107.M12）

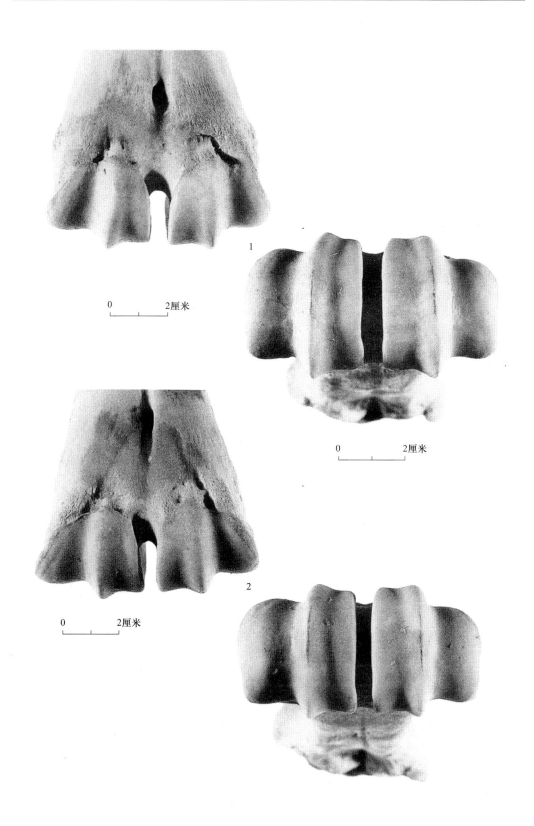

0 ————————— 2厘米

0 ————————— 2厘米

0 ————————— 2厘米

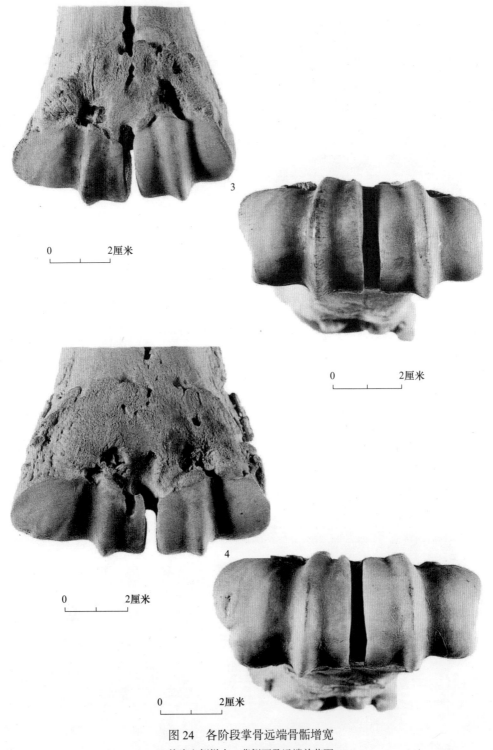

图 24　各阶段掌骨远端骨骺增宽

均为左侧样本，背侧面及远端关节面

阶段 1：阉牛（AMT 91.107.M7）　阶段 2：阉牛（AMT 91.107.M4）

阶段 3：阉牛（AMT 91.107.M14）　阶段 4：AMT 91.107.M12

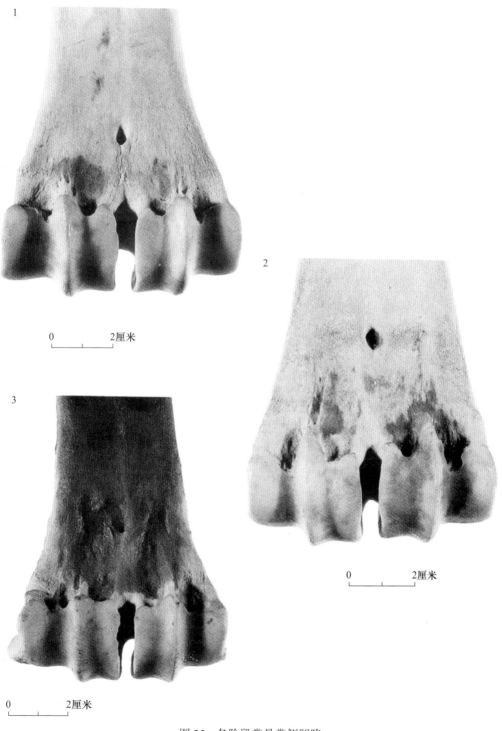

图 25　各阶段掌骨掌侧凹陷
　　　阶段 1：阉牛（AMT 91.107.M1，右脚）
　　　阶段 2：阉牛（AMT 91.107.M6，左脚）
　　　阶段 3：阉牛（AMT 91.107.M23，右脚）

0　　　　　2厘米

图 26　一件患有骨关节炎的左侧跗骨的近端关节面
阶段 2：阉牛（AMT 91.107.M4）

5.1.1.7　横向条纹

横向条纹出现于跗骨近端内侧表面，靠近趾短伸肌（m. extensor digitalis pedis brevis）附着点。对该病变的判定基于形变是否发生（阶段 1：不发生；阶段 2：发生。图 27）。它在阉牛跗骨中发生率为 89%，不见于年轻公牛。

5.1.1.8　第五掌骨的融合

有时可观察到退化的第五掌骨和第四掌骨外侧融合的现象。对该现象的判定分为阶段 1（未融合）及阶段 2（融合；图 28）。融合似乎仅见于近端骨赘发展到第 2 或第 3 阶段的时候，这一病征多发于阉牛掌骨（54%），不见于年轻公牛。

5.1.1.9　掌骨三角形关节面上的条纹

掌骨近端关节面的掌侧缘下有一个小的三角形关节面，副韧带附着于此。这一靠近掌骨近端关节的小关节面上可能具有较为平滑而不显著的条纹（阶段 1），也可能呈现显著的条纹状（阶段 2；图 29）。处于第 2 阶段的形变仅在役用阉牛的掌骨上被观察到，其发生率为 75%。

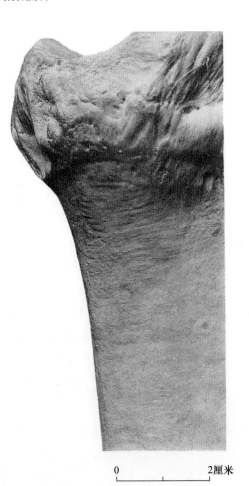

0　　　　　2厘米

图 27　跗骨近端内侧表面的横向条纹
阶段 2：阉牛（AMT 91.107.M1，右脚）

0　　　　　　2厘米

图 28　第五掌骨与第四掌骨融合
阶段 2：阉牛（AMT 91.107.M 12，右脚）

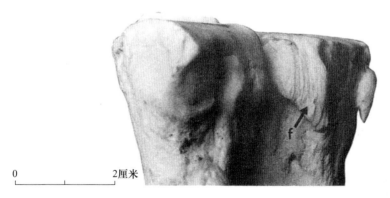

0　　　　　　2厘米

图 29　掌骨上副韧带（ligamentum accessorium）附着的三角状关节面（f）上的条纹
阶段 2：阉牛（AMT 91.107.M9，左脚）

5.1.2　近指／趾节骨

在近指／趾节骨上定义了 5 种不同类型的病变，分别为近端关节附近的骨赘、近端关节面的唇样骨质增生、远端关节附近的骨赘以及近端和远端关节面的骨关节炎。

阉牛的近指／趾节骨近端关节附近的骨赘（图 30）发生率为 63%。其中，在指骨中这一概率为 72%，而在趾骨中为 55%。在罗马尼亚的年轻公牛身上没有发现这种病理现

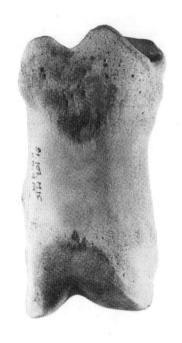
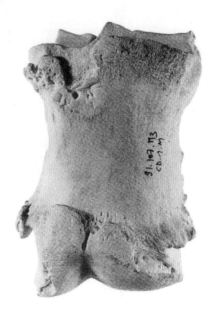

0 　　　　　2厘米

图 30　各阶段的近指／趾节骨靠近近端的骨赘
均为右侧第 3 指的指节骨
阶段 1：年轻公牛（AMT 91.107.M15）　阶段 2：阉牛（AMT 91.107.M3）
阶段 3：阉牛（AMT 91.107.M14）　阶段 4：阉牛（AMT 91.107.M12）

象。骨赘最初常沿着骨骺线形成。在病症较轻的早期阶段，骨骺线所在区域会显得较厚。

　　在阉牛的近指节骨（91%，图 31）及近趾节骨（77%，图 32）上都发现了近端关节面的延展（即唇样骨质增生）。在近指节骨上，这种病变常与掌骨内侧轴状关节面不对称增宽伴出。在年轻公牛中，仅有 5% 的近指节骨出现了这种病理表现。

　　在大多数阉牛的近指 / 趾节骨远端附近都观察到了骨赘（图 33），且相较于趾骨

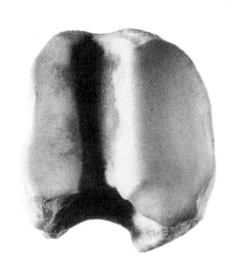
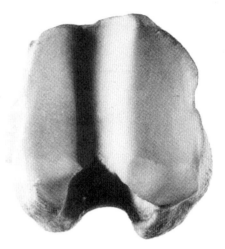

0　　　　　　2厘米

图 31　各阶段的近指节骨近端关节面唇样骨质增生
阶段 1：阉牛（AMT 91.107.M1；左侧第 3 指的近指节骨）
阶段 2：阉牛（AMT 91.107.M4；右侧第 4 指的近指节骨）
阶段 3：阉牛（AMT 91.107.M12；右侧第 4 指的近指节骨）
阶段 4：阉牛（AMT 91.107.M12；左侧第 3 指的近指节骨）

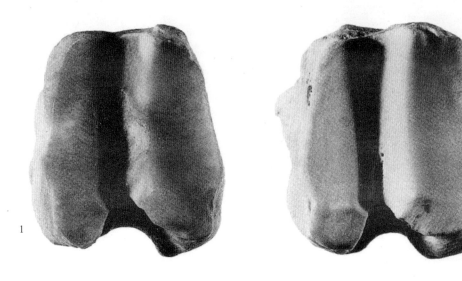

0   2厘米

图 32　各阶段的近趾节骨近端关节面唇样骨质增生
阶段 1：阉牛（AMT 91.107.M6；左侧第 3 趾的近趾节骨）
阶段 2：阉牛（AMT 91.107.M2；左侧第 3 趾的近趾节骨）
阶段 3：阉牛（AMT 91.107.M12；左侧第 3 趾的近趾节骨）
阶段 4：阉牛（AMT 91.107.M4；左侧第 3 趾的近趾节骨）

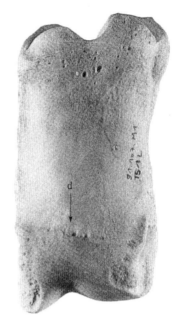

0 ┠─────┨ 2厘米

图 33　各阶段的近指 / 趾节骨靠近远端的骨赘
d：关节在背侧骨干向远端延伸
阶段 1：公牛（AMT 91.107.M15；右侧第 3 指的近指节骨）
阶段 2：阉牛（AMT 91.107.M1；左侧第 4 趾的近趾节骨）
阶段 3：阉牛（AMT 91.107.M3；右侧第 3 指的近指节骨）
阶段 4：AMT 91.107.M23；右侧第 3 指的近指节骨

（86%），这种病理表现在指骨（97%）中更常见。而在年轻公牛中，该病理表现的发生率仅为 8%。在所有远端附近形成骨赘的样本中，都能观察到远端关节面沿骨干背侧面发生了功能性的延展。这种延展和骨赘的生长之间的关系并不明显。尽管如此，我们依旧将这两者归为一类病理表现。在第 2 阶段中，骨赘还未形成，但可见关节面在背侧的延展。在第 3 和第 4 阶段中，这两种病症都可被观察到。

对于前文提及的所有发生在近指 / 趾节骨上的病理表现，都在 1—4 分的范围内进行评分。相比于趾骨，这些病理表现更常见于指骨。仅在一头阉牛的第 4 指的近趾节骨远端关节面上观察到一例骨关节炎导致的凹沟及骨质象牙化（图 34）。基于病变出现与否对此进行评分（阶段 1：不出现；阶段 2：出现）。

0　　　　　　　2厘米

图 34　伴有骨关节炎变形的近趾节骨的远端关节面
阶段 2：阉牛（AMT 91.107.M8；左侧第 4 趾的近趾节骨）

5.1.3　中指 / 趾节骨

各类发生于中指 / 趾节骨的病变的定义与近指 / 趾节骨相同。对这些病变的评分标准也类似。

阉牛的中指 / 趾节骨近端四周常形成骨赘（图 35）。其在中指节骨上的发生率为 74%，而在中趾节骨上的发生率为 36%。远端情况同样如此（图 37），在指骨中发生率为 93%，在趾骨中为 70%。在年轻公牛中，骨赘仅见于中指节骨（12%）。

由骨质增生引起的近端关节面的延展（即唇样骨质增生）既可以沿着内侧方向发展，也可以沿着外侧方向发展（图 36）。这种延展反映了对应的近指 / 趾节骨远端关节的增宽。这种关节增宽很难被划分评级，在下一章中我们将对此进行定量分析。在中指或趾骨上经常能观察到近端唇样骨质增生（93%）。甚至在年轻公牛身上也同样如此，至少能在 22% 的骨头上观察到明显的病变。

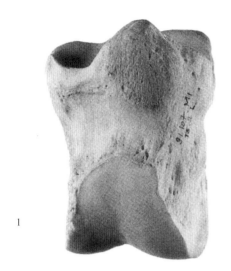

0 ————————— 2厘米

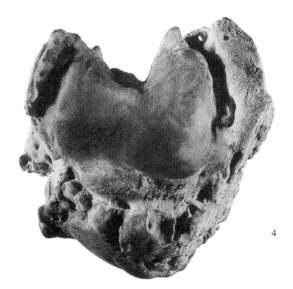

图 35　各阶段的中指／趾节骨近端附近的骨赘

　　阶段 1：阉牛（AMT 91.107.M1；左侧第 4 趾的中趾节骨）

　　阶段 2：阉牛（AMT 91.107.M4；左侧第 4 趾的中趾节骨）

　　阶段 3：阉牛（AMT 91.107.M12；右侧第 3 指的中指节骨）

　　阶段 4：阉牛（AMT 91.107.M9；左侧第 4 指的中指节骨）

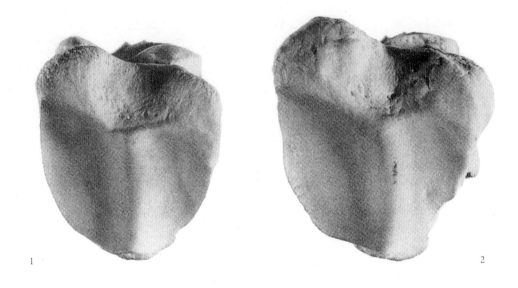

0　　　　　　　　2厘米

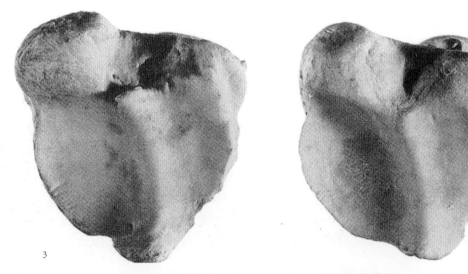

图 36　各阶段的中指节骨近端关节面的唇样骨质增生

阶段 1：公牛（AMT 91.107.M 15；左侧第 3 指的中指节骨）

阶段 2：阉牛（AMT 91.107.M7；右侧第 4 指的中指节骨）

阶段 3：阉牛（AMT 91.107.M10；右侧第 4 指的中指节骨）

阶段 4：阉牛（AMT 91.107.M3；左侧第 3 指的中指节骨）

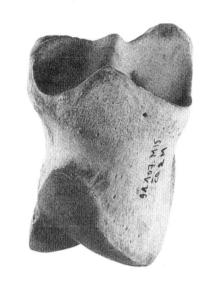
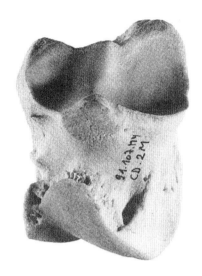

0   2厘米

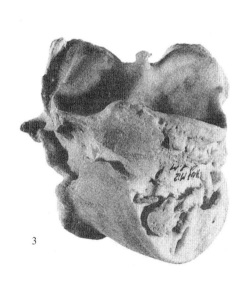
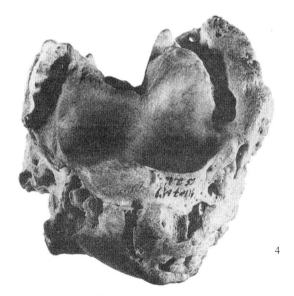

图 37　各阶段的中指节骨远端四周的骨赘

阶段 1：公牛（AMT 91.107.M15；右侧第 3 指的中指节骨）

阶段 2：阉牛（AMT 91.107.M4；右侧第 3 指的中指节骨）

阶段 3：阉牛（AMT 91.107.M12；右侧第 3 指的中指节骨）

阶段 4：阉牛（AMT 91.107.M9；左侧第 4 指的中指节骨）

仅在一头阉牛的中趾节骨近端关节上观察到一例骨关节炎造成的凹沟及骨质象牙化（图 38）。在该个体对应的近趾节骨的远端关节面也发现了类似的病征。

图 38　一件伴有骨关节炎的中趾节骨的近端关节面
阶段 2：阉牛（AMT 91.107.M8；左侧第 4 趾）

5.1.4　远指 / 趾节骨

在役牛的远指 / 趾节骨中有可能发现与过度使役相关的三种主要病变，分别为关节面附近的骨赘、唇样骨质增生和骨关节炎。采自罗马尼亚的样本中没有发现骨关节炎的病例，但是另外两种病变十分常见。对这两种病征，都在 1—4 分的范围内进行评分。

骨赘（图 39）在整个关节面四周都可能形成，但在远指 / 趾节骨的背侧缘，特别是屈肌结节（tuberculum flexorium）附近最常形成且程度最为严重。远轴侧蹄形籽骨韧带（ligamentum ungulosesamoideum abaxiale）的骨化，即连着远指 / 趾节骨的屈肌结节与远籽骨的肌腱的骨化，会在蹄底远轴侧形成严重突起。在阉牛的远指 / 趾节骨上常发现骨赘，无论是在前肢（90%）还是后肢（95%）上都很常见。而在年轻公牛中，仅在17% 的后肢样本中发现骨赘形成的迹象。

图 40 展示了各阶段的唇样骨质增生。几乎所有的阉牛样本（98%）都或多或少发生了这种病变。而在年轻公牛中仅在 17% 的前肢样本中发现这种病变。

5.1.5　患病率

在不考虑变形程度的情况下，表 8（采自罗马尼亚的阉牛）和表 9（采自罗马尼亚的年轻公牛）总结了上述所有病变出现的相对频率。通过表 8 可知，当只关注近端骨骺时，骨赘、唇样骨质增生、骨关节炎和远端骨骺增宽等病变在距骨中发生率明显更高，而当只看远端骨骺时，这些病理表现在掌骨中更频繁出现。在近指 / 趾节骨和中指 / 趾节骨中，这些病理现象更常见于前肢，而在远指 / 趾节骨中，前后肢患病率相近。

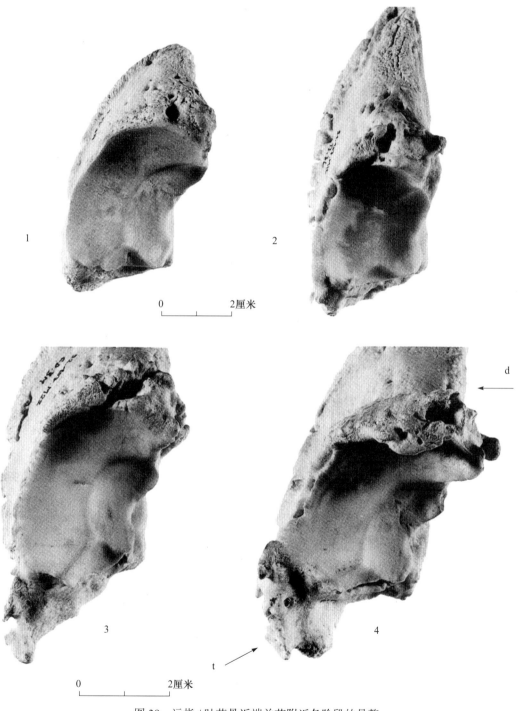

图 39　远指 / 趾节骨近端关节附近各阶段的骨赘
d：背侧缘；t：屈肌结节
阶段 1：公牛（AMT 91.107.M15；右侧第 3 指的远指节骨）
阶段 2：阉牛（AMT 91.107.M12；左侧第 3 趾的远趾节骨）
阶段 3：阉牛（AMT 91.107.M22；右侧第 3 指的远指节骨）
阶段 4：AMT 91.107.M3；左侧第 4 指的远指节骨

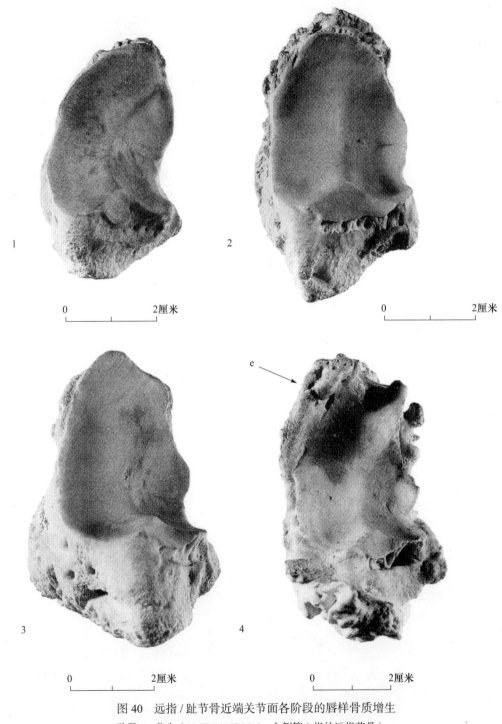

图 40　远指 / 趾节骨近端关节面各阶段的唇样骨质增生

阶段 1：公牛（AMT 91.107.M15；右侧第 3 指的远指节骨）

阶段 2：阉牛（AMT 91.107.M1；左侧第 4 趾的远趾节骨）

阶段 3：阉牛（AMT 91.107.M1；右侧第 3 指的远指节骨）

阶段 4：阉牛（AMT 91.107.M3；左侧第 4 指的远指节骨）

第 4 阶段中的位于背侧、远轴侧的骨赘（e）不构成关节面的一部分

表 8　罗马尼亚阉牛各骨骼部位各种病变的发生率（除样本量外的单位：100%）

		掌骨	指骨			跗骨	趾骨		
			近节	中节	远节		近节	中节	远节
样本量		28	58	58	58	28	56	56	56
近端	骨赘	46.4	72.3	74.1	89.6	75.0	55.2	35.7	94.6
	唇样骨质增生	61.7	91.4	93.1	96.6	96.4	76.8	92.4	100.0
	骨质象牙化	0.0	0.0	0.0	0.0	3.6	0.0	1.8	0.0
	融合	53.6	—	—	—	—	—	—	—
	关节面上的条纹	75.0	—	—	—	—	—	—	—
骨干	横向条纹	—	—	—	—	89.3	—	—	—
	凹陷	44.4	—	—	—	21.4	—	—	—
远端	骨赘	53.6	96.6	93.1	—	25.0	85.7	69.6	—
	骨质象牙化	0.0	0.0	0.0	—	7.1	1.8	0.0	—
	远端骨骺增宽	78.6	—	—	—	50.0	—	—	—

表 9　罗马尼亚年轻公牛各骨骼部位各种病变的发生率（除样本量外的单位：100%）

		掌骨	指骨			跗骨	趾骨		
			近节	中节	远节		近节	中节	远节
样本量		10	20	20	20	6	12	12	12
近端	骨赘	0.0	0.0	10.0	0.0	0.0	0.0	0.0	16.7
	唇样骨质增生	10.0	5.0	15.0	15.0	16.7	0.0	33.3	16.7
	骨质象牙化	0.0	0.0	0.0	0.0	0.0	0.0	0.0	0.0
	融合	0.0	—	—	—	—	—	—	—
	关节面上的条纹	0.0	—	—	—	—	—	—	—
骨干	横向条纹	—	—	—	—	0.0	—	—	—
	凹陷	0.0	—	—	—	0.0	—	—	—
远端	骨赘	0.0	10.0	20.0	—	0.0	8.3	—	—
	骨质象牙化	0.0	0.0	0.0	—	0.0	0.0	0.0	—
	远端骨骺增宽	0.0	—	—	—	0.0	—	—	—

　　骨关节炎仅在少数案例中观察到。值得注意的是，这一病变仅出现于后肢。这些观察结果与 Nigam 和 Singh（1980）的研究结果一致，即骨关节炎在牛（主要为公牛）后脚上的患病率是前脚的两倍。

5.2　病变记录的一致性

　　最近，一项有关人类骨关节炎病例的观察者之间的差异研究，可充分说明病理诊断受主观因素影响。在这一研究中，19 名专家分别按照与本研究所列的相似的判定标准对病例给出了相异的评分。他们对各病理表现的评分一致率（对单一样本部位中单一病理表现给出同一评分的人数占比，取 10 件样本的平均值）在 47%—75.3%，其中以对骨质象牙化及关节表面凹痕的评分最为一致（Waldron and Rogers, 1991: 52）。

由三名观察者对采自罗马尼亚的阉牛和年轻公牛的骨头上可观察到的病理变形进行评分。表 10—表 17 记录了每一名观察者对各骨骼部位每种病变给出的评分的均值，再在三名观察者所得的数值基础上计算出均值、标准偏差和变异系数。变异系数（c.v.）可以显示出不同观察者对变形评分的一致性。在一些病变中这个值超过了 10，表明三名观察员对该变形给出的评分差异较大。在大多数情况下，对前肢骨骼病理变形评分的一致性高于后肢。

在阉牛掌 / 跖骨的所有病变中（表 10、表 11），对于远端骨赘的评分最为一致，而对于远端骨骺增宽及近端横向条纹的评估分歧最大。跖骨近端骨赘评分的变异系数值高于掌骨，这表示观察者对掌骨近端骨赘变形程度的评分更为一致。只有近端唇样骨质增生在跖骨上的评分一致性高于掌骨。在对近指 / 趾节骨各病理表现的评分中，对远端骨赘的评分最趋于一致，近端唇样增生的一致性也相对较高（表 12、表 13）。相比之下，近端骨赘的变异系数超过了 10。对中指 / 趾节骨各病变的评分分歧较大。在远指 / 趾节骨中，对近端骨赘的评分最为一致，而对近端唇样骨质增生的评分分歧较大。

年轻公牛骨头上出现病变的数量较少（表 14—表 17），但总体来说，对其病变评分的一致性要比阉牛低得多。这似乎是由于观察者难以确定一些较不明显的特征变化应归属于正常状态（阶段 1）还是有一定程度的变形（阶段 2）。

表 10　三名观察者对采自罗马尼亚的阉牛掌骨各病变评分的平均值、标准偏差及变异系数

掌骨		观察员			总计		
		1 号	2 号	3 号	平均值	标准偏差	变异系数
近端	骨赘	1.57	1.63	1.43	1.54	0.103	6.69
	唇样骨质增生	1.82	1.50	1.79	1.70	0.177	10.41
	骨质象牙化	1.00	1.00	1.00	1.00	0.000	0.00
	融合	1.50	1.42	1.64	1.52	0.111	7.30
	关节面上的条纹	1.61	1.75	1.71	1.69	0.072	4.26
骨干	凹陷	1.57	1.48	1.61	1.55	0.067	4.32
远端	骨赘	2.11	2.04	2.00	2.05	0.056	2.73
	骨质象牙化	1.00	1.00	1.00	1.00	0.000	0.00
	远端骨骺增宽	2.32	2.82	2.36	2.50	0.278	11.12

注：变异系数=100%* 标准偏差 / 平均值，为方便记录比较，表格中省略了百分号的数值，即数值乘以 100，在文中及后续表格中不再另作说明。

表 11　三名观察者对采自罗马尼亚的阉牛跗骨各病变评分的平均值、标准偏差及变异系数

跗骨			观察员			总计		
			1 号	2 号	3 号	平均值	标准偏差	变异系数
近端		骨赘	2.04	2.21	2.50	2.25	0.233	10.36
		唇样骨质增生	2.21	2.12	2.39	2.24	0.138	6.61
		骨质象牙化	1.04	1.01	1.01	1.01	0.000	0.00
		横向条纹	1.43	2.12	2.12	1.89	0.398	21.06
骨干		凹陷	1.14	1.42	1.11	1.22	0.171	14.02
远端		骨赘	1.39	1.43	1.57	1.46	0.095	6.51
		骨质象牙化	1.04	1.04	1.04	1.04	0.000	0.00
		远端骨骺增宽	1.71	1.50	2.14	1.78	0.326	18.31

表 12　三名观察者对采自罗马尼亚的阉牛指骨各病变评分的平均值、标准偏差及变异系数

			第 4 指			第 3 指		
			平均值	标准偏差	变异系数	平均值	标准偏差	变异系数
近指节骨	近端	骨赘	2.06	0.265	12.86	2.15	0.246	11.44
		唇样骨质增生	2.34	0.172	7.35	2.51	0.134	5.34
	远端	骨赘	2.65	0.051	1.92	2.90	0.051	1.76
中指节骨	近端	骨赘	2.02	0.081	4.00	1.92	0.160	8.33
		唇样骨质增生	2.89	0.180	6.23	2.86	0.105	3.67
	远端	骨赘	2.43	0.070	2.88	2.26	0.180	7.96
远指节骨	近端	骨赘	3.26	0.056	1.72	3.12	0.197	6.31
		唇样骨质增生	3.50	0.223	6.37	3.33	0.447	13.42

表 13　三名观察者对采自罗马尼亚的阉牛趾骨各病变评分的平均值、标准偏差及变异系数

			第 4 趾			第 3 趾		
			平均值	标准偏差	变异系数	平均值	标准偏差	变异系数
近趾节骨	近端	骨赘	1.73	0.162	9.36	1.69	0.288	17.40
		唇样骨质增生	2.14	0.215	10.05	2.07	0.129	6.23
	远端	骨赘	2.35	0.074	3.15	2.00	0.096	4.80
中趾节骨	近端	骨赘	1.69	0.056	3.31	1.19	0.134	11.26
		唇样骨质增生	2.63	0.107	4.07	2.16	0.177	8.19
	远端	骨赘	2.05	0.078	3.80	1.56	0.141	9.04
远趾节骨	近端	骨赘	2.88	0.151	5.24	2.68	0.096	3.58
		唇样骨质增生	3.14	0.280	8.92	2.69	0.453	16.84

表14　三名观察者对采自罗马尼亚的年轻公牛掌骨各病变评分的平均值、标准偏差及变异系数

掌骨		观察员			总计		
		1 号	2 号	3 号	平均值	标准偏差	变异系数
近端	骨赘	1.10	1.00	1.00	1.03	0.058	5.63
	唇样骨质增生	1.30	1.00	1.20	1.17	0.153	13.08
	骨质象牙化	1.00	1.00	1.00	1.00	0.000	0.00
	融合	1.00	1.00	1.00	1.00	0.000	0.00
	关节面上的条纹	1.00	1.00	1.00	1.00	0.000	0.00
骨干	凹陷	1.00	1.00	1.00	1.00	0.000	0.00
远端	骨赘	1.00	1.00	1.00	1.00	0.000	0.00
	骨质象牙化	1.00	1.00	1.00	1.00	0.000	0.00
	远端骨骺增宽	1.00	1.20	1.00	1.07	0.115	10.75

表15　三名观察者对采自罗马尼亚的年轻公牛跖骨各病变评分的平均值、标准偏差及变异系数

跖骨		观察员			总计		
		1 号	2 号	3 号	平均值	标准偏差	变异系数
近端	骨赘	1.00	1.00	1.00	1.00	0.000	0.00
	唇样骨质增生	1.40	1.00	1.30	1.23	0.208	16.91
	骨质象牙化	1.00	1.00	1.00	1.00	0.000	0.00
	横向条纹	1.00	1.00	1.00	1.00	0.000	0.00
骨干	凹陷	1.00	1.00	1.00	1.00	0.000	0.00
远端	骨赘	1.00	1.00	1.00	1.00	0.000	0.00
	骨质象牙化	1.00	1.00	1.00	1.00	0.000	0.00
	远端骨骺增宽	1.00	1.00	1.00	1.00	0.000	0.00

表16　三名观察者对采自罗马尼亚的年轻公牛指骨各病变评分的平均值、标准偏差及变异系数

			第 4 指			第 3 指		
			平均值	标准偏差	变异系数	平均值	标准偏差	变异系数
近指节骨	近端	骨赘	1.00	0.000	0.00	1.00	0.000	0.00
		唇样骨质增生	1.17	0.208	17.78	1.07	0.116	10.84
	远端	骨赘	1.07	0.116	10.84	1.23	0.058	4.72
中指节骨	近端	骨赘	1.07	0.116	10.84	1.00	0.000	0.00
		唇样骨质增生	1.17	0.058	4.96	1.00	0.000	0.00
	远端	骨赘	1.13	0.116	10.27	1.17	0.058	4.96

续表

			第4指			第3指		
			平均值	标准偏差	变异系数	平均值	标准偏差	变异系数
远指节骨	近端	骨赘	1.10	0.173	15.72	1.13	0.231	20.44
		唇样骨质增生	1.33	0.322	24.21	1.17	0.058	4.96

表 17　三名观察者对采自罗马尼亚的年轻公牛趾骨各病变评分的平均值、标准偏差及变异系数

			第4趾			第3趾		
			平均值	标准偏差	变异系数	平均值	标准偏差	变异系数
近趾节骨	近端	骨赘	1.00	0.000	0.00	1.00	0.000	0.00
		唇样骨质增生	1.07	0.116	10.84	1.13	0.153	13.54
	远端	骨赘	1.07	0.116	10.84	1.23	0.058	4.72
中趾节骨	近端	骨赘	1.00	0.000	0.00	1.00	0.000	0.00
		唇样骨质增生	1.20	0.200	16.67	1.20	0.200	16.67
	远端	骨赘	1.00	0.000	0.00	1.00	0.000	0.00
远趾节骨	近端	骨赘	1.13	0.116	10.27	1.03	0.058	5.63
		唇样骨质增生	1.20	0.346	28.83	1.07	0.116	10.84

5.3　病理指数

单个个体各骨骼部位的病理指数（pathological index，简写为 PI）是可计算的（见章节 3.2）。这个值的范围在 0—1 之间，表示各骨骼部位的变形程度。当综合考虑个体四肢变形程度时，计算值称为个体病理指数（individual pathological index，简写为 IPI）。这个值的范围也在 0—1 之间，表示个体四肢变形的程度。表 18 中列出了这些 IPI 值。

表 18　采自罗马尼亚的阉牛及年轻公牛的个体病理指数（IPI）

AMT.91.107.M		个体病理指数	活体体重	年龄
阉牛	1	0.169	450	6
	2	0.425	482	8
	3	0.459	674	10
	4	0.426	662	14
	5	0.218	460	6
	6	0.336	449	19

AMT.91.107.M		个体病理指数	活体体重	年龄
阉牛	7	0.315	450	14
	8	0.479	—	—
	9	0.413	478	12
	10	0.556	780	9
	11	0.459	850	8
	12	0.551	650	9
	13	0.377	501	8
	14	0.428	515	10
	22	0.420	—	—
	23	0.543	—	—
	24	0.262	—	—
	25	0.397	—	—
年轻公牛	15	0.008	500	2
	16	0.033	405	2
	17	0.003	—	—
	18	0.111	455	2
	19	0.015	—	—
	20	0.007	—	—
	21	0.003	—	—

注：部分缺失活重（千克）及年龄（岁）数据。

　　图 41 和图 42 为采集的前后肢均可用于研究的阉牛个体四肢各骨骼部位的病理指数。前肢的病变程度明显比后肢严重，在指 / 趾节骨上这一情况更为显著。不符合这一规律的仅有 AMT 91.107.M4 个体，AMT 91.107.M9、M11 及 M14 的情况在某种程度上也跟这一规律稍有出入。在一些个体（AMT 91.107.M1、M4、M5、M9、M10 及 M11）中，跖骨的 PI 值高于掌骨。然而，在综合所有个体进行计算时（图 42 右下图），前肢 PI 值普遍高于后肢。这一结果与第 1 章及第 4 章中的数据相吻合。牛的活体体重大部分都由前肢来承担，这可能导致前肢各骨骼部位的变形相对严重。此外，役用阉牛的肩轭对其前肢造成了额外的负担，因此加剧了前肢的病变程度。

　　对第 3 指 / 趾和第 4 指 / 趾变形程度的差异也进行了研究。图 43、图 44 和图 45 为采自罗马尼亚阉牛的近、中和远指 / 趾节骨的病理指数。对第 3 和第 4 指骨与趾骨的数值分别进行了计算。前后肢数值在图中放到了一起。

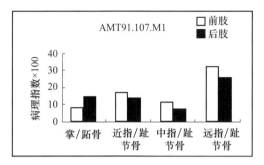

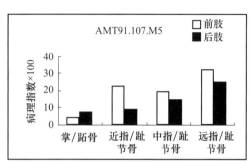

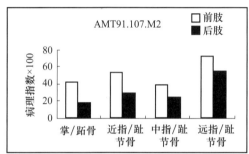

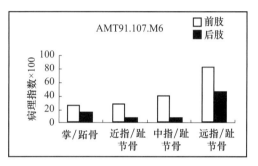

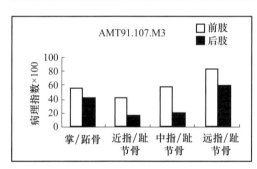

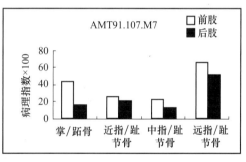

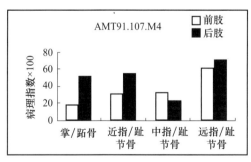

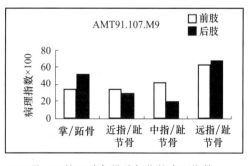

图 41　采自罗马尼亚的阉牛 AMT 91.107.M1—M7 及 M9 的四肢各骨骼部位的病理指数

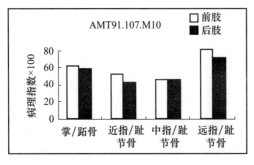
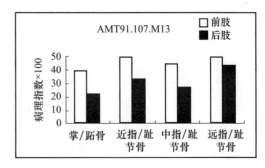
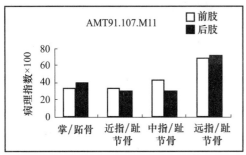
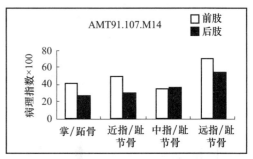
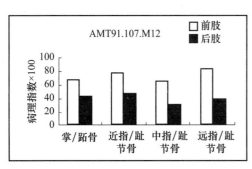
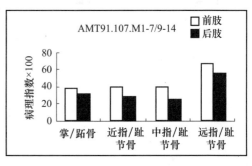

图 42　采自罗马尼亚的阉牛 AMT 91.107.M10—M14 的四肢各骨骼部位的病理指数

通过观察所有个体的第 3 指 / 趾和第 4 指 / 趾的平均病理指数，可知第 3、4 指 /
趾之间的不同，且在后肢中的差异比在前肢中大得多。这一观察结果与 Birkeland 和
Fjeldaas（1984: 154）的观测结果一致。他们发现，在 180 头生前跛足的母牛中，第 3
指和第 4 指的变形程度相近，而第 4 趾的病变发生率高于第 3 趾。Russel 等人（1982:
158）对 7526 例奶牛的跛足进行研究后发现，大多数病变发生于第 4 趾。

值得注意的是，在用于比对研究的 15 个个体的近指节骨中，仅有 5 例个体第 4 指
的病理变形要稍严重于第 3 指，而在剩下的 10 个个体中第 3 指的变形情况明显更为严
重（图 43A）。然而，第 4 趾的病理变形比第 3 趾更为严重（见于 16 例中的 10 例；图
43B）。而在个体 AMT 91.107.M6 的近趾节骨中，第 3 趾与第 4 趾的病理指数相同。

图 44 是中指 / 趾节骨的情况。在 15 例个体中，有 4 例个体第 3 指的病理变形比
第 4 指严重（图 44A）。这种不同指的病变程度差异有时候相当大（例如个体 AMT
91.107.M23）。在个体 AMT 91.107.M10 的中趾节骨中也能见到不同趾的病变程度仅存

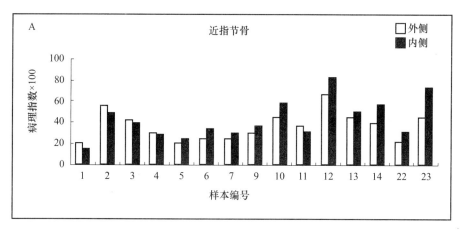

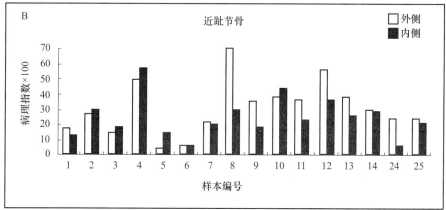

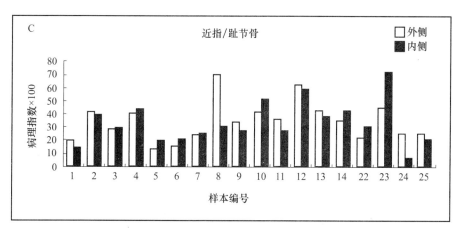

图 43　采自罗马尼亚的阉牛的近指 / 趾节骨的病理指数

样本编号前级为 AMT 91.107.M

在细微的差别（图 44B）。在合并前、后肢数据后，仅有 3 例个体（个体 AMT 91.107. M1、M10 和 M23）的第 3 指 / 趾的病理指数高于第 4 指 / 趾（图 44C）。

通过图 45A，我们可以看到仅在个体 AMT 91.107.M1 中第 3 指的远指节骨的病理指数要高于第 4 指。但当将该个体前、后肢的数据合并后，这一差异就消失了（图 45C）。

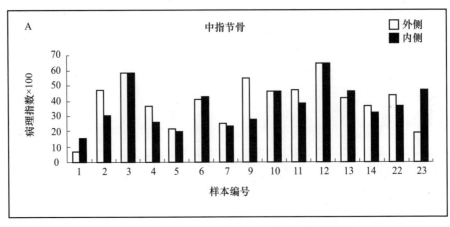

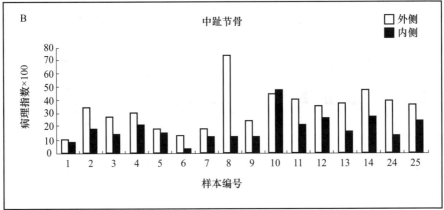

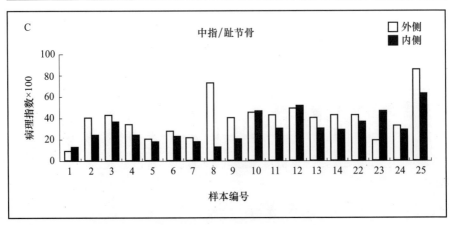

图 44 采自罗马尼亚的阉牛的中指／趾节骨的病理指数

样本编号前缀为 AMT 91.107.M

在 AMT 91.107.M5 和 M13 两例个体中，第 3 指的远指节骨的病理指数与第 4 指相同（图 45A）。而在其他所有个体中，无论前后肢，第 4 指／趾的远指／趾节骨都拥有更高的病理指数。

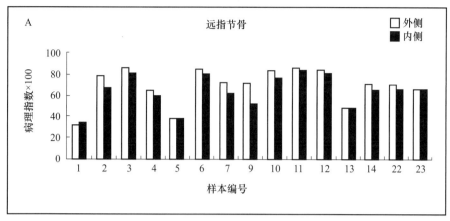

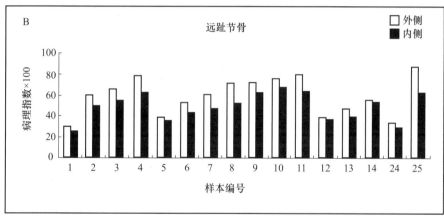

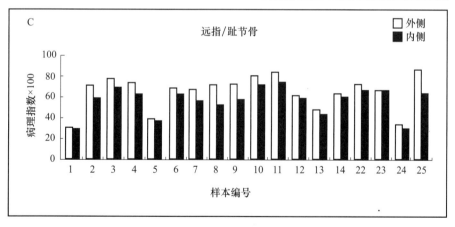

图 45　采自罗马尼亚的阉牛的远指 / 趾节骨的病理指数

样本编号前缀为 AMT 91.107.M

5.4　影响变形程度的其他因素

所有发生在骨骼上的退行性病变都可能是各种因素联合作用的结果，如年龄、性别、饲养环境及畜舍环境（见章节 1.3）。另外，遗传特征也是确定个体是否宜于使役的一个重要因素。

5.4.1　与年龄相关的差异

大多数病变只发生在老年个体身上。然而，由于年龄增长本身就意味着活重更大，劳役时间更长，以及骨骼结构性改变更高，因此，只要关节功能依旧良好，即使发生一定程度的骨骼形态变化也属于正常情况（Rogers et al., 1987: 179）。从历史上看，役畜以及出于获取羊毛或宗教目的而饲养的家畜可能会一直饲养到现代家畜所罕见的年龄（Baker and Brothwell, 1980: 136）。这意味着，与年龄相关的足部疾病在现代兽医学中很少观察到，因为当代的集约化养殖方式无法留下充足的时间让足部退行性病变充分发展。例如，在魁北克省的 190945 头荷斯坦黑白花奶牛中，生前被判定为患有足部疾病仅有 4%—5%（Monardes et al., 1990: 64）。尽管屠宰时的平均胎次为 3.8，但这些奶牛大多数可能从未活到 8 岁这个 "临界年龄"（Armour-Chelu and Clutton-Brock, 1985: 302）。此外，Nigam 和 Singh（1980: 623）讨论的 104 种足部疾病中，大多数发生在 4 岁以上的公牛身上。同样值得注意的是，在一个通过 X 射线对 803 匹马的足部进行检查的案例中，绝大多数（71%）患有足部变形的马匹年龄都在 9 岁以上（Fleig and Hertsch, 1992: 66, Tab. 3）。

年轻个体经受压力的时段过短，不足以造成骨骼损伤（Dutour, 1986: 221）。因此，在动物考古文献中我们见到某些病变在牛身上的发生率高于猪或者羊，这可能是由于后者的生命周期较短（肉用），而前者的较长（役用；Baker and Brothwell, 1980: 117）。

表 19 分别给出了采自罗马尼亚的役用阉牛的个体病理指数（IPI）与它们的年龄、活重之间的关系。样本中阉牛年龄范围为 6—19 岁，从表格数据我们可以看出，年龄与个体病理指数之间无明显相关性。然而，个体病理指数与活重呈正相关（r = 0.705; 95% 置信区间）。在个体平均病理指数与活重关系的散点图中这一相关关系更为直观（图 46）。

表 19　罗马尼亚现代役用阉牛的年龄、活重（x）与个体病理指数（y）间的相关关系

	个体病理指数	年龄	活重
平均值	0.402	10.231	569.3
标准偏差	0.109	3.678	137.8
变量	相关系数	回归方程	
个体病理指数—年龄	0.090	y = 0.366 + 0.003x	
个体病理指数—活重	0.705	y = 0.064 + 0.001x	

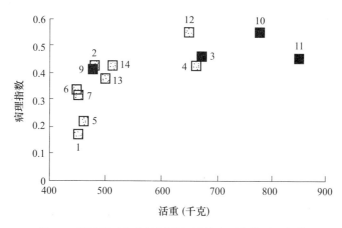

图 46　罗马尼亚牛个体活重与平均病理指数呈正相关

样本编号前缀为 AMT 91.107.M，黑色方块为患有跗节内肿的个体

5.4.2　性别差异

繁重的体力劳动更常由男性承担，因而人体骨骼病理变形的程度因两性在工作中承受物理重压程度的不同而存在差异（Kennedy, 1989: 137; Lai and Lovell, 1992: 230）。在一项关于马的足部关节炎性骨质增生的研究中，803 例患病个体中有 44 匹为公马（6%），261 匹为母马（32%），498 匹为阉马（62%）（Fleig and Hertsch, 1992: 66, Tab. 2）。在动物医学相关文献中也可以看到，全年龄段的母牛患关节病的概率都低于公牛（Vaughan, 1960: 536; cf. Dämmrich et al., 1977: 84）。然而，Neher 和 Tietz（1959）发现，母牛到 8 岁左右患退行性风湿性疾病的概率会随年龄的增长而攀升，这是生物老化的自然结果（Armour-Chelu and Clutton- Brock, 1985: 302）。

遗憾的是，采自罗马尼亚的样本并不支持进行性别与病理变形程度相关关系的研究。这批样本缺失母牛材料，且年轻公牛与阉牛之间的年龄差异过大，无法排除年龄相关的影响。因此，在本研究中纳入采自匈牙利的样本。这批样本主要为已肢解的单侧掌 / 跖骨（见第 2 章）。基于无法给出慢性关节病在掌骨和跖骨上的发展均等这一假设，在这里不对采自匈牙利的样本与采自罗马尼亚的样本进行比对分析。因而只研究年龄 / 体重与非创伤性的变形之间的关系。对匈牙利灰牛的母牛、公牛和阉牛的掌 / 跖骨病变情况进行测量并记录数据。这些数据汇总在表 20 中。

表 20　匈牙利灰牛的掌 / 跖骨的病变情况

样本编号（HAM）		姓名 / 编号	年龄（岁）	重量（千克）	骨赘情况	左 / 右侧
母牛	66.16	Nyalka	?	458	掌骨远端	右侧
	66.23	Amália	?	486	掌骨两端	左侧
	66.39	Sodró	4.0	321	跗节内肿	右侧

样本编号（HAM）		姓名/编号	年龄（岁）	重量（千克）	骨赘情况	左/右侧
母牛	66.133	103/3	?	473	跖骨近端	右侧
	66.143	103/1	?	493	所有掌/跖骨远端	左侧
	66.144	103/14	?	359	跖骨近端	左侧
	67.15	Adó	16.0	650	轻度，全分布	左侧
	65.24	Meggyes	7.0	360	掌骨远端	右侧
公牛	66.122*	34/7	1.9	537	跖骨骨干	右侧
	65.61	Buda	12.0	?	掌骨	两侧
阉牛	73.16	—	?	?	跖骨远端	左侧
	73.17	—	?	?	跖骨远端	右侧

注：* 为科斯特罗马牛杂交种个体。

5.4.2.1　母牛

在所研究的 66 例匈牙利灰牛母牛中，仅发现 1 例个体患有跗节内肿。尽管由于匈牙利灰母牛仅有一侧掌/跖骨可供研究，这对其患病率统计产生影响，但与年龄更大、活重更重的罗马尼亚役用阉牛相比，匈牙利灰牛母牛的患病率仍然要低得多。匈牙利灰牛母牛无论年龄还是活重都相对较小，因此，其跗骨与跖骨的融合既可能是由体质差造成的，也可能是由于参与了中度的劳役。在另外两头母牛的跖骨近端骨骺上也发现了骨赘。其中一头母牛还十分年幼，活重小于 400 千克。这些零星的发现跟罗马尼亚役用阉牛群的情况形成了鲜明的对比，这些役用阉牛在更年老或活重更重（也可能两者皆有）的时候才会患有跗节内肿。

在匈牙利灰牛母牛中，其他的骨赘大多发生于掌骨的远端，这可能是由与年龄相关的活重增加导致的。即便相对于公牛而言，母牛的身体重量在前后肢的分布更为均匀，但掌骨依旧承担了更大比例的活重。在一头 16 岁的老年母牛的所有掌/跖骨表面均匀分布着轻度骨赘，这似乎进一步明确了年龄与四肢病理变形之间的关系。

5.4.2.2　公牛

在一头非常年轻的公牛（匈牙利灰牛与科斯特罗马牛的杂交一代牛）掌骨骨干上形成的骨赘明显是某种急性事件的结果，很有可能与一次大出血相关。在采自匈牙利的 25 头不到 2 岁的公牛样本中，只有该头出现了这种情况。

一例典型的与年龄相关的病例来自著名的匈牙利灰牛公牛 Buda（12 岁，种牛），它的一侧掌骨上形成了骨赘。此外，在它的右侧掌骨上存在一处导致慢性变形的不寻常的创伤，在骨干的整个掌侧及背侧面都出现了骨肥厚的现象。骨干的增厚在横截面的最大压力负载区域最为明显，它与应变（strain）的最大绝对值一致（Turner et al., 1975）。从形态学、骨测量学及生物力学上来说，这个公牛的掌骨发生了适应性重塑。这一情况与两性异形的相关性在于这种极端的变形更可能发生在雄性身上。一般来说，当陆生哺乳动物的体重接近 900 千克时，骨骼会发生对身体支撑的适应性变化（Hildebrand, 1982）。本研究中该品种的雌性动物不可能达到这个体重。

5.4.2.3　阉牛

在说明与年龄相关的足部骨骼病变的发展时，已经详细讨论了采自罗马尼亚的役用阉牛（见章节 5.4.1）。虽然阉牛生长激素和睾酮之间平衡的紊乱可能对病变的发展产生影响，但还没有足够的资料证明这种影响会体现在宏观形态改变上。

5.4.3　饲养环境和饲养方式的影响

环境因素无疑会诱发慢性关节病，但不像牵引使役与病变间的因果关系那么直接。活动空间狭小的肉牛和被拴系的奶牛都会在年龄较小的时候就开始出现足部疾病（Kharchenko, 1987: 36; Holmberg and Reiland, 1984: 125）。更宽敞的畜舍或进行散养可以改善足部状况。同样地，在阿尔卑斯山连续两年季节性移牧后，牛群中跛足的发生率有所下降。尽管在夏季牧场上发生半脱位和其他创伤性疾病的概率较高，但跛行的情况仍明显减少（Foschini, 1986: 38）。一项对匈牙利 21 家大型乳品企业的调查显示，跛足在常年被拴系的奶牛中最为常见（B. Kovács, 1977: 49-50）。而在散养或自由放牧的条件下，跛足的发生率可以降低 50%。

在年老的役用阉牛中，反复、轻微、由劳役引起的创伤会导致软骨的退行性病变，并最终导致骨骼相应改变。然而，不应低估遗传因素引发病变的情况（Merrit and Murray, 1991: 482）。关于牛科动物的退行性病变的遗传倾向，Moodie（1923: 141）在其关于古病理学的开创性著作中指出，"野牛（*Bison bison*）的遗传病不为人知……生病或受伤的动物，无论是年轻的还是年老的，很快就会屈服于食肉动物或人类。很少有动物能活到足够长的时间，让骨骼发生变化……"当然，这种说法同样适用于原始牛（*Bos primigenius*）——已灭绝的家牛祖先。一旦人类干涉了自然选择的过程，遗传疾病的发病率就开始上升。营养不良、牛舍环境及饲养条件不佳也是诱发关节病发病的重要因素（Steinbock, 1976: 279; Dahme and Weiss, 1978: 291）。在这些环境影响因素中，本研究所讨论的牵引使役是一个特例。

5.4.4　遗传性状

体质很差的个体要不是从未被选作役牛，就是在短期的使役后就伤病了，继而被宰杀。此外，牵引使役的方式和程度与某些遗传性状的表现型之间有很强的关联。由遗传决定的活重与骨骼强度间存在对应关系，因此，役畜在面对使役时会产生不同的适应形态特征。

5.4.4.1　足部构造

出于经验之谈，早在 19 世纪，匈牙利灰牛的饲养者就被告知不要用患有足部疾病的动物进行繁殖，因为牛蹄畸形"绝对"会遗传（Tormay, 1887: 124）。如果在对现代品种进行选育的时候没有对足部疾病给予足够的重视，就可能会影响到整个动物品系。举例来说，Dämmrich 等人（1976: 84）在 233 头表型优良的黑白花公牛身上发现，无论其营养水平如何，年龄有多小（12—18 个月），每头牛都患有关节畸形。病变的严重程度和体重有关，特别是在 12 个月大的时候。

与毛色一样，四肢和关节的遗传率都是相对较高的（$h^2 = 0.52$; Witt, 1951: 93）。然而，管围的遗传率较低（$h^2 = 0.42$; Haring, 1955: 270）。作为关节疾病潜在来源，足部结构的遗传率更小（$h^2 = 0.36$）。遗传率的值像其他测量值（如胸围）那样，受到动物状态的影响（Witt, 1951: 93）。考虑到这些遗传率的值是为现代奶牛种群而计算的，我们必须假设存在一个影响本研究关于发生外表形态畸形的主要遗传因子。尽管相比于古代役牛的环境压力，这一影响可能较小。Bökönyi 等人（1965: 241）发现晚熟品种牛的骨头重量比现代早熟品种牛的大。除弗莱维赫牛（德系西门塔尔牛）属于中早熟的品种（Mennerich, 1968）外，所有在本研究中详细讨论过的传统品种均可视作晚熟品种。然而，在现代品种中，骨骼结构弱化的遗传缺陷可能会在关节病的发展中起根本性的作用。此外，现代奶牛的泌乳期延长到了近一年，这严重消耗了它们的钙储备。

5.4.4.2　跗节内肿

毫无疑问，跗骨和距骨间的关节强直是由骨关节炎（致密性骨炎，ostitis rarefaciens et condensans）引起的，与遗传/结构和功能密不可分。人肌腱的骨化通常是由于长期使用造成的（Murray, 1936; Houghton, 1980）。因而这种功能性增大的发生率自然会随着年龄的增长而增加。在趾行动物中，这种病变位于跗关节处，伴有炎症导致的跛行现象。因此，牛的跗节内肿在一定程度上是由牵引使役造成的。

马是家养动物中跗骨的活动性最受限制的一种，因而跗节内肿最常见于马的跗关节中（Hughes et al., 1953: 279; Barneveld, 1990: 1162）。这一病变发生的解剖学部位与被拴系而引发跗节内肿的奶牛相似（Holmberg, 1982）。其发病早期阶段的特征是跛行，而随着骨化的自然发展或进行手术，跛足状况会有所改善（Barneveld, 1985: 219）。一旦关节稳定了，跛足状况会进一步改善。同样的病症在现代役牛身上也被解释为功能性增大（Blumenfeld, 1909; Stillfried, 1926: 151; Wamberg and McPhearson, 1968; Wells,

1972）。这种情况被认为是由疲劳和轻微创伤累积引发的骨膜炎造成的，最终将导致关节强直（Tormay, 1906: 117）。一种在解剖学、病理学和放射学上与之相似的病变形式甚至出现在赛狗身上（Salazar et al., 1984: 542）。各物种身上相似的病变观察结果似乎让我们可以只关注病变本身的功能性解释。然而，体格差异和选育的影响可能会妨碍物种间的比较。虽然没有来自狗的数据，然而对鹿的研究同样能说明问题。与牛的后肢相比，鹿的后肢肌肉更发达且承担的活重比例要小得多（Berg and Butterfield, 1976: 142），尽管在个体发育过程中牛与鹿的这种差异会有所减少（Bartosiewicz, 1987a: 445）。但一般来说，奔跑的鹿科动物的腿比奔跑的大型牛科动物的腿承受更大与活重相关的动态冲击（Kreutzer, 1992: 274）。尽管如此，跗节内肿在鹿科动物中却十分罕见。只有少数例外，如比利时一个野生动物园里养的现代黇鹿[①]，它的跗关节的骨头已经完全融合在一起了（根特地质研究所古生物实验室，样本编号为 P.2422）。这种鹿原产于地中海地区，最近才被引入中欧和西欧（Clutton-Brock, 1987: 182）。在英国不同地区的黇鹿脚部关节上观察到的其他形式的病变（Chaplin, 1971: 118, Fig. 17），可能是由于缺乏天敌或近亲繁殖引起的。

　　Rosenberger（1970: 491）将牛的跗节内肿列为役牛特有的一种疾病。他还指出役牛很有可能罹患跗关节内翻（被称作"牛腿跗关节"）和其他遗传性的足部构造异常。Tormay（1887: 122）将跗关节内翻列为役牛的一个重要的缺点，因为这种内翻造成的后肢两侧跗关节之间的空间变窄会致使役牛步态不稳。Alur（1975: 410）注意到了这些疾病背后遗传因素的作用，认为家畜的跗节内肿及跗关节内翻是"社会进化"的结果。在瑞典拴系的奶牛群中，跗节内肿的发生率在不同品种之间存在差异，从 20%（瑞士荷斯坦黑白花牛）到 71%（娟姗牛）（Holmberg and Reiland, 1984: 125）。这清楚地显示出了遗传所起的作用。尽管这种病情的严重程度会随着年龄的增长而增加，然而即便是小于 2 岁的动物也会发生病变。有趣的是，从环境因素以及牵引使役的角度来看，缺乏锻炼甚至集约化养殖似乎加重了所研究的现代奶牛群的这种状况。在育肥的公牛中，跗关节变形可能伴有其他因低磷食谱引发的病症（Empel, 1981: 133）。

　　在采自罗马尼亚的几头役用阉牛身上可以较直观地看到这种病情的发展（图 47、表 21）。跗节内肿最初表现为距骨近端附近的骨赘形成及唇样骨质增生，紧接着为第 2、3 跗骨与第 3 跖骨粘连的关节强直，逐步发展到中央跗骨区域融合。在通过磁共振成像（MRI）研究一例受到跗节内肿侵扰的罗马尼亚阉牛（AMT 91.107.M24）时，证实了这一病情的发展次序（Bartosiewicz et al., 1997）。由表 21 可以看出，跗节内肿与年龄或体重似乎无明显相关性，但与指示关节畸形的较高的个体病理评分相关。另一方面，跗节内肿不见于所研究的罗马尼亚役用阉牛样本中 8 岁以下以及活重在 475 千克以下的个体。

---

　　①　译者注：*Dama dama*。中国没有此种鹿的分布。

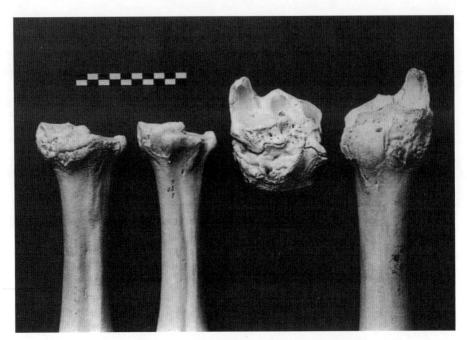

图 47　阉牛 AMT 91.107M9、M3、M11（左侧）和 M10（右侧）跗骨和跖骨间关节强直
背侧面，比例尺为 10 厘米

表 21　按病情发展顺序排列的患有跗节内肿的罗马尼亚阉牛个体信息

样本编号 AMT 91.107.M	个体病理指数	年龄（岁）	活重（千克）	受影响的骨骼（＋跖骨）	左/右侧
11	0.459	8	850	重度骨赘	两侧
9	0.413	12	478	第2、3跗骨	右侧
3	0.459	10	674	第2、3跗骨	两侧
24	0.262	?	?	中央跗骨	左侧
10	0.556	9	780	中央跗骨	右侧

　　从文献中可以得知考古材料中跗节内肿的案例。在匈牙利奥塞尼（Öcsény）一个
15 世纪的遗址中就发现了一个典型的跗骨融合的例子（图 48）。Davis 发表了一系列
关于荷兰 14—16 世纪牛跗节内肿病情发展的文章（1987: 162, Fig. 7.9）。来自石勒苏
益格（Schleswig）的 88 例中世纪牛跗节内肿的样本展现了这种病症的不同发展阶段
（Hüster, 1990: 46）。在跗骨和跖骨上最初形成的骨赘仅出现在三分之一患有跗节内肿的
骨头上。10 例样本的关节面变形明显。在 88 例样本中有 53% 的样本观察到跗骨融合
的现象，但仅在 2 例样本中见到跗骨与跖骨近端完全融合。Hüster（1990: 44）认为跗
节内肿通常先发生在中央跗骨的区域，随后关节强直从这里扩散到跗关节的其他部位。
然而，如前文所述，在所有来自罗马尼亚的患有跗节内肿的样本中，病症最初都表现
为跗骨远列与跖骨近端关节面的融合。

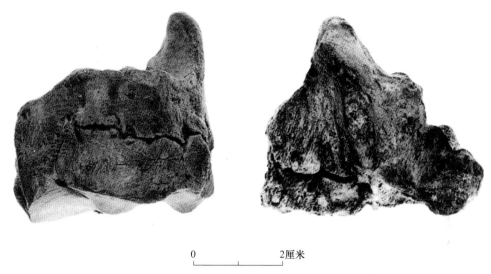

0   2厘米

图 48 来自 15 世纪匈牙利奥塞尼的小牛右侧中央跗骨与第 2、3 跗骨融合
左图：背侧面；右图：跖侧面

5.5 案例研究：一个罗马遗址牛骨变形的量化研究

前文介绍的评分系统已经被应用于比利时一个遗址出土的动物骨骼遗存中。该遗址出土的牛骨上观察到了数量众多的病变。研究该案例的目的在于查证足部变形在各骨骼部位的分布偏好，并尝试量化掌／跖骨和指／趾骨上的变形程度。

5.5.1 遗址简介

Place Marché aux Légumes 遗址位于比利时那慕尔（Namur）桑布尔河（Sambre River）与默兹河（Meuse River）交汇处以北（图 49）。发掘区域在一个罗马小镇的中心，由比利时瓦隆大区部挖掘局（Ministère de la Région wallonne, DGATLP, Direction des fouilles）的小队进行发掘研究，发掘领队为 Jean Flumier（1993, 1997）。该遗址的动物骨骼遗存包括 10000 件罗马时期（公元 1 世纪到 3 世纪末）的骨头，其中大部分骨骼的年代在公元 2 世纪到 3 世纪初。在发掘中发现的最重要的建筑结构包括一个堆放了单一类考古遗存的罗马时期地窖，若干含大量有机物遗存的灰坑，以及一口被用于堆放垃圾的废弃水井。除了井中过筛后采集的骨骼，该遗址出土的其他动物骨骼遗存已经发表于一篇初步的报告中（Van Neer and Lentacker, 1994）。经鉴定，动物遗存主要为食物残余，以牛骨为主。在一些灰坑中，除常见的食物残存外，还出土了大量高度破碎的牛骨。长骨的骨干甚至骨骺都被刻意地砸裂成极小的碎片，以获取脂肪和动物胶。

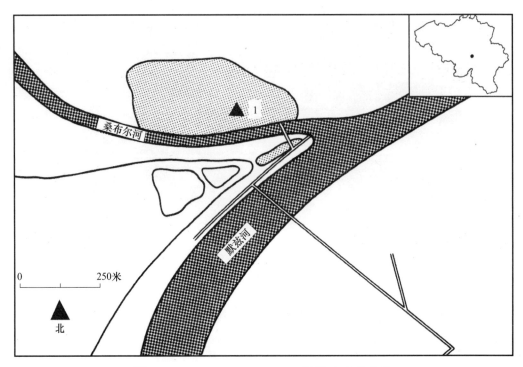

图 49　Place Marché aux Légumes 遗址（1）的位置
罗马小镇的范围（画点部分）及当地罗马时期道路图中均有标注

　　对该遗址材料的初步研究表明，牛脚上高发的病变很有可能与频繁使用动物从事繁重劳役有关。其他数据也同样支持这一观点。在这批材料中，有 5 件保存完好的牛角，其中 4 件因细长的形状鉴定为阉牛。在其中一支牛角接近根部的位置的底面，可以看到一处轻微的凹陷。这可能是由捆绑牛轭的绳子施加的外压造成的（图 50）。我们

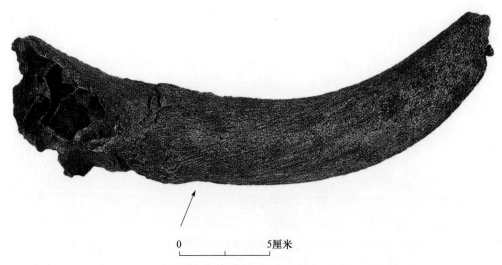

图 50　Place Marché aux Légumes 遗址出土的在靠近根部存有凹陷的阉牛角

也观察到成年动物占多数，通常这意味着畜群除肉用外还有其他用途。只有少数掌 / 跖骨完整地保存了下来，这部分骨骼将用于肩高的重建。通过与德国克桑滕（Xanten）附近的科洛尼亚·乌尔比亚·特莱亚纳（Colonia Ulpia Traiana）遗址[①]出土的动物遗存的测量数据（Schwarz, 1989）进行比较可知，这部分骨骼很可能全部来自雄性个体。在 Matolcsi（1970）为雄性个体建立的指标中，肩高范围在 126—139 厘米（均值为 131 厘米）。

5.5.2　病变评分

大多数可见于罗马尼亚研究材料中的病理变形也见于那慕尔的牛骨遗存中。总计对 118 件掌 / 跖骨或其残存部分进行了评分。这些骨头中只有少数是完整的，因此，评分主要在两端骨骺中进行。Place Marché aux Légumes 遗址出土动物考古材料的保存情况也妨碍了对某些病变的记录。由于一些骨骼存在风化现象，使得对其精准详尽地记录近乎不可能，所以在此不对跖骨近端的横向条纹及掌骨内—背侧关节面上的条纹现象进行记录。仅有少数掌 / 跖骨的近端形成了骨赘（图 51A）。其中有一件跖骨上的骨赘发育程度较高，但仍未和跗骨发生融合。

近端骨赘在跖骨上更常见，这一点与罗马尼亚的研究材料一致，尽管在此处掌 / 跖骨间的差异很小。仅在一例个体上观察到了近端的唇样骨质增生（图 52），而这种病变在罗马尼亚的阉牛甚至年轻公牛身上很常见。远端骨赘并不常见（图 51B），最高分（4 分）仅出现在一件跖骨上。相比之下，这一病变在掌骨上的发生率更高（图 53），这一情况也与罗马尼亚阉牛的情况相吻合。与之一致的是，远端关节面的增宽（图 54）在掌骨上更显著且发生率更高（图 51C）。在骨头的破碎不影响观察的情况下，掌 / 跖侧的凹陷也被记录下来（图 55）。这一病变在所研究的掌骨中约占 50%，而在跖骨中仅占 9%，这与罗马尼亚材料的研究结果一致。在掌 / 跖骨的近端没有发现骨关节炎的迹象，而在跖骨远端骨骺仅观察到了 3 例处于早期阶段的该病变。没有发现第五掌骨和第三掌骨外侧融合。总的来说，与罗马尼亚的研究材料一样，当只考虑骨骼近端时，病变多见于跖骨；只考虑远端时，病变多见于掌骨。

在 107 例近指 / 趾节骨上观察到了病变。这些病变与罗马尼亚研究材料中所见的情况相同（见章节 5.1.2）。最常出现的是近端的唇样骨质增生（图 56）及远端的骨赘（图 57）。以下仅讨论这两种病变。从图 58A 我们可以得知，近端唇样骨质增生更常见于前肢。尽管样本量很小，但似乎相对于第 3 指 / 趾来说这种病变在第 4 指 / 趾的发生率更高（图 58B、图 58C）。远端骨赘的发生率在前后肢间的差异并不明显，尽管可以看

---

① 译者注：见德国国家旅游局中文页面的介绍，https://www.germany.travel/cn-mobile/towns-cities-culture/museums/xanten-archaeological-park.html。

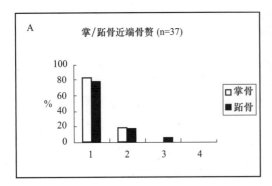

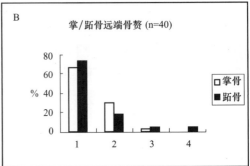

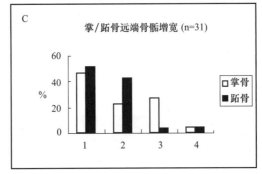

图 51　Place Marché aux Légumes 遗址出土的牛的掌 / 跖骨近端骨赘（A）、
远端骨赘（B）及远端骨骺增宽（C）的得分分布情况（1—4 分）

图 52　Place Marché aux Légumes 遗址出土的一件罗马时期的左侧跖骨
近端关节面有唇样骨质增生（第 2 阶段）
图为其近端关节面

图 53　Place Marché aux
Légumes 遗址出土的一件罗马
时期的右侧掌骨的远端骨赘
（第 2 阶段）
图为其背侧面

图 54　Place Marché aux
Légumes 遗址出土的一件罗马
时期的左侧跖骨的远端骨骺增
宽（第 3 阶段）
图为其背侧面

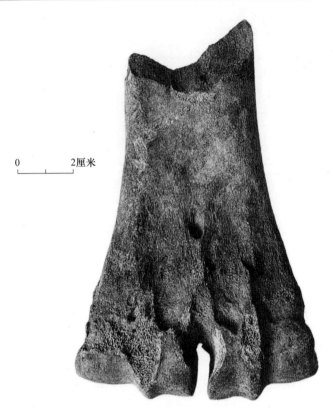

0 ⊢——⊣ 2厘米

图 55　Place Marché aux Légumes 遗址出土的一件罗马时期的
右侧掌骨掌面凹陷（第 3 阶段）
图为其掌侧面

到在前肢中这种病变的发生率稍高（图 59A）。第 3 指 / 趾的近指 / 趾节骨上远端骨赘
的发生率高于第 4 指 / 趾（图 59B、图 59C）。

在 57 例中指 / 趾节骨上观察到了病变。没有观察到骨关节炎变形的迹象。和近指 /
趾节骨一样，只讨论近端唇样骨质增生（图 60）和远端骨赘的情况。与罗马尼亚阉牛
的研究结果一致，这两种病变都更常见于前肢（图 61A、图 61B）。由于难以确定骨头
确切的解剖学位置[①]，对中指 / 趾节骨内—外侧的病理学差异的研究无法进行。

在 47 例远指 / 趾节骨上观察到了病变。由于无法鉴定到确切的解剖学位置（包括
内外侧及前后肢），在此仅将这类样本记录为远指 / 趾节骨而不加以区分。可观察到的
病变为骨赘和唇样骨质增生。几乎在所研究样本中都发生了某种程度的病变（图 62A、
图 62B）。这一情况与罗马尼亚材料的研究结果一致。唇样骨质增生尤为显著：在 49%
的个体中评分为 3 分。

虽然某些样本量有限，但依旧可以认为出土于 Place Marché aux Légumes 遗址的指 /
趾骨的病理状况与罗马尼亚研究材料中的相似。

———————————————

① 译者注：中指 / 趾节骨难以确定内外侧。

0   2厘米

图 56　Place Marché aux Légumes 遗
址出土的一件罗马时期的近指 / 趾节
骨的近端唇样骨质增生（第 3 阶段）
图为其近端关节面

0   2厘米

图 57　Place Marché aux Légumes 遗
址出土的一件罗马时期的近指 / 趾
节骨远端骨赘（第 3 阶段）
图为其背侧面

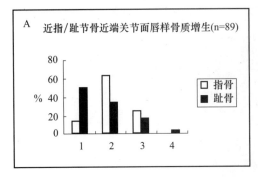

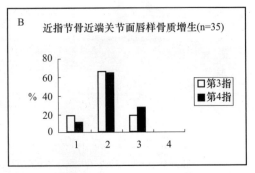

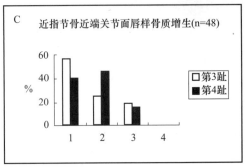

图 58　Place Marché aux Légumes 遗址出土的牛的近指 / 趾节骨近端关节面的
唇样骨质增生的得分分布（1—4 分）

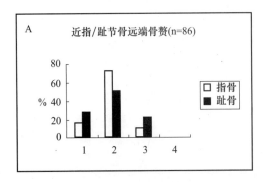

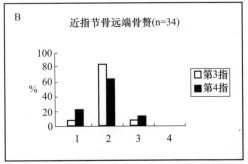

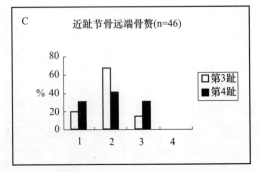

图 59　Place Marché aux Légumes 遗址出土的牛的近指 / 趾节骨远端的
骨赘的得分分布（1—4 分）

图 60　Place Marché aux Légumes 遗址出土的一件罗马时期的中指 / 趾节骨近端关节面的
唇样骨质增生（第 3 阶段）

图为其近端关节面

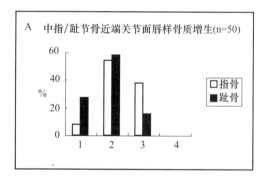
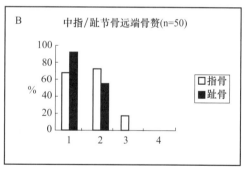

图 61　Place Marché aux Légumes 遗址出土的牛的中指 / 趾节骨的
近端关节面唇样骨质增生（A）及远端骨赘（B）的得分分布（1—4 分）

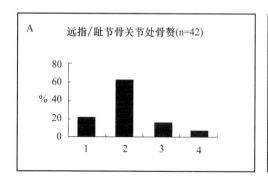
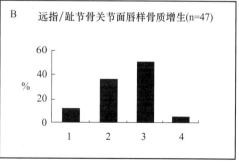

图 62　Place Marché aux Légumes 遗址出土的牛的远指 / 趾节骨的
关节处骨赘（A）及关节面唇样骨质增生（B）的得分分布（1—4 分）

5.5.3　罗马材料的病理指数（PI）

只有完整的骨头才可进行病理指数计算（见章节 3.2）。由于 Place Marché aux Légumes 遗址出土的有骨赘和关节面唇样骨质增生的骨头破碎程度较高，仅有少量完整的掌 / 跖骨可进行这项计算。而指 / 趾骨相对结实，往往能完整地保存下来，因此指 / 趾骨的 PI 数据相对较多。

如前所述，完整的掌 / 跖骨很可能来自于雄性个体。表 22 列出了这些完整掌 / 跖骨的 PI 值。显然，由于样本量过小，无法给出确定的结论。但值得注意的是，在掌骨中都发生了某种程度的病变，而仅有的一件跖骨的数据则显示处于健康状态。这种前肢出现更高比例的病变的趋势，与在罗马尼亚阉牛材料中观察到的一致（见章节 5.3）。

表 22　Place Marché aux Légumes 遗址出土的完整掌 / 跖骨的对应肩高和病理指数

骨骼部位	肩高（厘米）	病理指数
掌骨	126	0.066
掌骨	128	0.066
掌骨	139	0.190
跖骨	131	0.000

近指节骨也显示出比近趾节骨更高的病理指数（表 23）。第 3 指 / 趾与第 4 指 / 趾间无显著差异。中指 / 趾节骨情况同样如此，即前肢受病变的影响更大（表 24）。而远指 / 趾节骨无法区分前肢和后肢，因此合并计算病理指数，42 件样本的病理指数的均值为 0.364。

表 23　Place Marché aux Légumes 遗址出土的牛的近指 / 趾节骨的病理指数

解剖学位置	样本量	平均病理指数
第 3 指	14	0.201
第 4 指	24	0.189
所有近指节骨	40	0.198
第 3 趾	32	0.153
第 4 趾	21	0.212
所有近趾节骨	55	0.177

除计算单一组别动物骨骼遗存的平均病理指数外，还可以考虑遗址出土的所有完整的指 / 趾骨和掌 / 跖骨的病理指数的相对分布情况。在那慕尔的研究样本中，只有近、中及远指 / 趾节骨的数据可用于这种研究（图 63）。指数越接近于 0，代表动物受病变的影响越轻微；反之，指数越接近 1，就代表动物身上的病变越严重。图 63 所示结果是本研究中介绍的评分系统的初次应用，后续还需要与其他考古遗址出土的动物骨骼遗存进行比较，来更详细地评估如何从骨骼变形判断牛的使役。

表 24　**Place Marché aux Légumes 遗址出土的牛的中指 / 趾节骨的病理指数**

解剖学位置	样本量	平均病理指数
中指节骨	25	0.229
中趾节骨	28	0.126

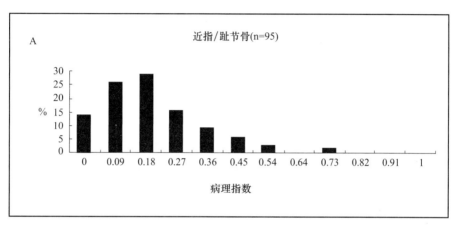

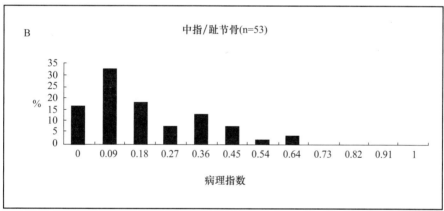

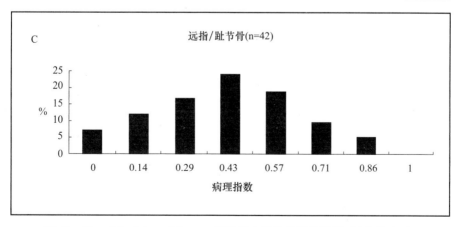

图 63　Place Marché aux Légumes 遗址出土的牛的完整近指 / 趾节骨（A）、
完整中指 / 趾节骨（B）和完整远指 / 趾节骨（C）的病理指数分布

第 6 章 骨骼测量分析

本研究中采自罗马尼亚的阉牛的掌/跖骨的形态具有多样性，但基本都显示出粗壮的特点，表明这些专用役畜的劳役强度很高。这些阉牛一直充当役畜，直到因受伤或年老被宰杀。在一项初步研究中（Bartosiewicz, 1993b），使用逐步判别分析法（Jennrich and Sampson, 1981）对这种牛与匈牙利灰牛母牛和公牛的掌/跖骨进行比较，涉及了 7 个标准测量数据。采用这些标准，92.3% 的掌骨和 83.1% 的跖骨可以被分别鉴定为阉牛、母牛和公牛（Bartosiewicz, 1993: 106）。然而，这些骨骼的尺寸和比例取决于复杂的生理过程，除了牵引役用之外，还受到年龄、性别、个体表现型以及饲养条件等因素的影响。

活重相对于线性测量呈立方增加，因此，支撑动物体重的骨骼也必须不成比例地放大。当陆生哺乳动物的体重接近 900 千克时，骨骼支撑身体的适应性会发生变化（Hildebrand, 1982）。在本研究中部分动物最大活重大致能达到这个数值（役用阉牛AMT 91.107.M11）。动物体型越大，各骨骼部位厚度与长度之比就越大，因此大型哺乳动物的四肢骨比小型哺乳动物更粗壮。牛科动物的种间异速生长就是一个例子。骨骼长度与活重成正比，但随着活重增加，骨骼长度的增长呈现超立方级的递减（异速生长系数=0.26）。另一方面，骨骼直径与活重之间呈现相对缓和的递减趋势（异速生长系数=0.36; Alexander, 1985: 32），但由于生物适应的复杂系统，二者间的关系常常模糊不清。此外，家畜还受到人类活动如使役及人工选择育种的影响。

相比于靠近躯干、纵向生长时间较长的其他长骨来说，（Bergström and Van Wijngaarden-Bakker, 1983），较早愈合的掌/跖骨通过骨重建来适应活重的增长，表现为骨骼外部变宽及密质骨增加。Mennerich（1968: 21）认为活重增大是造成掌/跖骨粗壮的唯一因素。然而，我们还应注意到，繁重的劳役很可能会刺激骨骼增生，从而通过最佳应变达到骨的力场平衡（Lanyon and Rubin, 1985: Fig. 1-12）。这种效应可能会在很大程度上干扰两性异形和阉割的骨骼表现。

从掌/跖骨（对指/趾骨也有一定影响）的生长角度来看，性激素会对第二性征如尺寸及生长强度等产生影响。以麋鹿为例，即使是很小的样本，也在骨骼构成和胴体特征方面显示出明显的两性异形（Bartosiewicz, 1989: 66）。在长骨中，当性激素在亚成年个体血液中达到临界水平时，骨骺开始愈合（Axey, 1965: 138）。一旦骨骺完全愈合，长骨的纵向生长也就停止了。

6.1　与年龄相关的差异

一般来说，物种特有的生长模式与其体型和寿命有关。恒温动物以连续而有限的生长为特征，其种间体型和年龄的差异较小（Francillon-Vieillot et al., 1990: 499）。反刍动物的骨骼生长情况则可以用异速生长方程来表示（Huxley, 1932），计算参数是年龄和体型的函数。作为体型的函数的形状，在两者中较为恒定（Cock, 1966: 139; Fábián, 1967）。

6.1.1　掌 / 跖骨测量分析

动物掌 / 跖骨的近端骨骺在出生前就愈合了，因此，掌 / 跖骨骨骺愈合年龄一般是指出生后远端骨骺的愈合年龄。多数学者认为（Lesbre, 1897; Bruni and Zimmerl, 1951; Habermehl, 1961; Silver, 1965: 252; Schmid, 1972: 75），掌骨通常在动物 2—2.5 岁时愈合，而跖骨的愈合时间大约在 3 岁。对此，Silver（1965: 252）认为跖骨的愈合时间甚至能到 3—3.5 岁。尽管如此一致的看法可能是学者在文献中相互引用对方观点的结果，但值得注意的是，跖骨纵向生长的停止时间较晚。

对采自罗马尼亚的不同性别的牛的掌 / 跖骨测量数据（原始数据见附录），分别进行单变量分析（表 25）。在出生后，牛的掌骨长度增长范围有限。海福特牛（Hereford）成年个体的掌骨长度仅为同一个体在出生 19 天后测量值的 115%（Guilbert and Gregory, 1952: 12）。Matolcsi（1970: 99）指出，在弗莱维赫牛（德系西门塔尔牛）的犊牛中，掌 / 跖骨长度与肩高的比值的两性差异并不明显。然而，随着年龄的增长，这种差异逐渐明显。这个数据在发育成熟的公牛中相对较小，而这种性别间的数据差异在牛犊中几乎可以忽略（表 26）。

表 25　采自罗马尼亚的牛和匈牙利灰牛的掌 / 跖骨测量数据的单变量分析

		母牛（n=66）		公牛（n=41）		阉牛（n=35）	
		平均值	标准偏差	平均值	标准偏差	平均值	标准偏差
掌骨	GL	222.3	6.363	217.8	6.856	215.8	11.350
	Bp	63.9	2.599	73.0	3.812	77.7	5.746
	Bpm	33.5	1.864	39.3	2.354	42.6	6.488
	Dp	38.0	1.995	43.8	2.150	47.5	4.485
	SD	35.2	1.956	40.8	2.780	44.3	3.103
	DD	24.6	1.644	27.5	1.634	27.2	1.700
	Bd	63.8	2.624	71.6	3.325	78.9	4.834

续表

		母牛（n=66）		公牛（n=41）		阉牛（n=35）	
		平均值	标准偏差	平均值	标准偏差	平均值	标准偏差
掌骨	BFdm	30.0	1.752	34.0	1.935	38.3	3.176
	Ddm	34.2	1.522	38.5	1.997	40.2	3.072
	Ddl	33.3	1.492	37.3	1.876	39.2	3.013
跖骨	GL	250.1	7.050	241.6	7.163	242.3	12.942
	Bp	53.4	1.976	59.4	3.174	65.0	5.487
	Bpm	22.6	3.318	25.2	2.495	28.6	4.652
	Dp	49.0	2.692	53.4	2.753	59.1	5.124
	SD	30.1	1.741	34.9	2.539	37.4	3.934
	DD	28.3	1.453	30.4	1.959	32.7	2.626
	Bd	58.5	2.609	65.7	2.986	72.4	5.419
	BFdm	27.0	1.521	29.9	1.375	33.7	3.405
	Ddm	33.7	1.539	37.1	1.796	40.1	3.353
	Ddl	33.0	1.507	36.4	1.803	39.6	3.487

表 26　匈牙利弗莱维赫牛掌 / 跖骨生长过程中性别相关的差异（数据源自 Matolcsi, 1970）

		未成年个体		成年个体		发育成熟个体	
		样本量	百分比（%）	样本量	百分比（%）	样本量	百分比（%）
掌骨	雌性	6	17.98	10	17.14	3	16.56
	雄性	16	17.46	4	16.48	3	15.60
跖骨	雌性	6	20.30	10	19.37	3	18.80
	雄性	16	19.63	4	18.56	3	17.37

注：百分比表示掌 / 跖骨长度与肩高的比值。

6.1.2　指 / 趾骨测量分析

在出生前，指 / 趾骨的远端骨骺就已经愈合。因此，文献中提及的指 / 趾骨的骨骺愈合年龄，一般指近指 / 趾节骨的近端骨骺愈合年龄。Schmid（1972: 75）认为该愈合发生在 1.5—2 岁之间，而 Silver（1965: 252）则认为发生时间在 1 岁。大型牛科动物的指 / 趾骨往往由于紧实的形状而保存良好，在考古发掘中经常被大量发现。这些骨骼的形状可以用简单的几何术语进行定义。因此，指 / 趾骨可能有助于且事实上已经被用于考古遗址出土的不同种大型牛科动物骨骼遗存间的尺寸评估及测量特征区分（Stampfli, 1963; Degerbøl and Fredskild, 1970; von den Driesch and Boessneck, 1976）。

活重及动态应变的分布在牛科动物的第 3 掌 / 跖骨、第 3 指 / 趾和第 4 掌 / 跖骨、第 4 指 / 趾间存在区别。本研究中，采自罗马尼亚的公牛和阉牛可组合成一个含各年龄段的个体发育序列（公牛为未阉割的年轻公牛）。通过计算揭示了牛的活重（LW；单位：千克）的十进制对数分别与第 3 指 / 趾的和第 4 指 / 趾的远、中、近指 / 趾节骨总重（WP；单位：克）间的异速生长关系（表 27）。从表中可以明显看到，尽管趾骨重量与活重间相关性相对更高，但相对生长强度的最低值出现在第 3 趾中。后续活重的变化与这些很早就愈合的骨骼的尺寸间的关系就较为模糊了。从表 28 中极高的相关系数我们可以得知，在同一指 / 趾骨中，重量等距分布在第 3 指 / 趾和第 4 指 / 趾中。

表 27　采自罗马尼亚的阉牛及公牛的 LW（活重的对数）
与 WP（指 / 趾骨干重的对数）间的异速生长关系

		相关系数	异速生长方程
前肢	第 3 指	0.549	WP = 0.000398LW + 1.983
	第 4 指	0.536	WP = 0.000441LW + 1.957
后肢	第 3 趾	0.586	WP = 0.000115LW + 1.893
	第 4 趾	0.583	WP = 0.000481LW + 1.882

表 28　采自罗马尼亚的阉牛及公牛的第 3 指 / 趾骨（x = 第 3 指 / 趾骨重量的对数）
与第 4 指 / 趾骨（y = 第 4 指 / 趾骨重量的对数）重量间的异速生长关系

	相关系数	异速生长方程		相关系数	异速生长方程
指骨	0.968	y = 1.081x − 0.180	趾骨	0.973	y = 1.038x − 0.070

指 / 趾骨的原始测量数据见附录。在表 29 中给出了对指 / 趾骨数据的单变量分析的描述性总结。鉴于平均值间的差异较小，而标准偏差相对较高（平均变异系数在 5%—10% 之间；Mayr et al., 1953），主要的差异仅发生在指骨与趾骨间。趾骨相对于指骨更细长，且这种趋势在远端方向上表现得更加明显。虽然采自罗马尼亚的样本年龄范围很广（2—19 岁），但几乎所有近指 / 趾节骨计算得出的标准偏差都小于 Kokabi（1982: 65）在考古遗存样本中得出的计算值。

表 29　采自罗马尼亚的牛的近、中指 / 趾节骨测量数据的单变量分析（单位：毫米）

		第 3 指		第 4 指		第 3 趾		第 4 趾	
		平均值	标准偏差	平均值	标准偏差	平均值	标准偏差	平均值	标准偏差
近指 / 趾节骨	GL	62.8	3.778	63.9	3.496	64.3	3.793	66.3	4.083
	GLpe	64.4	4.053	64.8	4.065	66.5	3.930	66.3	4.119
	Bp	40.2	3.555	40.1	3.526	37.3	3.489	37.4	3.067
	Dp	43.1	3.436	42.4	3.083	42.7	3.628	42.3	3.770
	Bd	36.9	2.836	36.4	3.399	34.6	2.917	34.7	3.218

		第3指		第4指		第3趾		第4趾	
		平均值	标准偏差	平均值	标准偏差	平均值	标准偏差	平均值	标准偏差
中指/趾节骨	GL	42.3	3.207	41.9	2.979	42.9	2.533	43.4	2.780
	GLpe	44.4	3.835	44.3	3.381	44.9	3.703	45.1	3.521
	Bp	38.5	3.698	38.7	3.318	36.6	3.064	37.0	3.515
	Dp	43.7	3.613	42.8	3.866	41.1	3.676	41.4	3.832
	Bd	35.0	3.531	35.6	3.693	30.6	3.219	32.1	3.297

在评估近指/趾节骨与中指/趾节骨的生长强度差异时，需要用到几个测量指标。虽然根据定义，在纵向上两个长度测量值（GLpe 和 GL）之间高度相关，并以几乎等距的方式增长（异速生长系数接近1），但在横向尺寸上，相对生长强度会因解剖学部位的不同而存在差异（表30、表31）。

表30 采自罗马尼亚的牛的近指/趾节骨最大长的对数（x = logGL）与同一骨骼其他测量值（y = log GLpe; Bp; Dp; Bd）之间的关系

		异速生长方程	相关系数
指骨	第3指	GLpe = 0.958 GL + 0.085	0.917
		Bp = 0.843 GL + 0.088	0.567
		Dp = 0.828 GL + 0.144	0.624
		Bd = 0.828 GL + 0.077	0.640
	第4指	GLpe = 1.091 GL − 0.159	0.927
		Bp = 0.913 GL − 0.046	0.570
		Dp = 0.758 GL + 0.259	0.578
		Bd = 1.230 GL − 0.660	0.750
趾骨	第3趾	GLpe = 0.927 GL + 0.147	0.930
		Bp = 1.360 GL − 0.889	0.873
		Dp = 1.238 GL − 0.610	0.875
		Bd = 1.265 GL − 0.750	0.892
	第4趾	GLpe = 0.974 GL + 0.047	0.964
		Bp = 1.157 GL − 0.535	0.869
		Dp = 1.227 GL − 0.609	0.872
		Bd = 0.937 GL − 0.168	0.624

注：所有相关性都在 P≤0.01 的水平上显著。

**表 31　采自罗马尼亚的牛的中指/趾节骨最大长的对数（x＝logGL）与同一骨骼
其他测量值（y＝log GLpe; Bp; Dp; Bd）之间的关系**

		异速生长方程	相关系数
指骨	第3指	GLpe＝0.938 GL＋0.121	0.825
		Bp＝0.747 GL＋0.369	0.588
		Dp＝0.806 GL＋0.328	0.740
		Bd＝0.730 GL＋0.356	0.551
	第4指	GLpe＝0.924 GL＋0.148	0.859
		Bp＝0.793 GL＋0.301	0.656
		Dp＝0.960 GL＋0.074	0.767
		Bd＝0.861 GL＋0.154	0.590
趾骨	第3趾	GLpe＝1.299 GL－0.469	0.931
		Bp＝1.213 GL－0418	0.862
		Dp＝1.369 GL－0.621	0.897
		Bd＝1.220 GL－0.508	0.710
	第4趾	GLpe＝1.158 GL－0.243	0.948
		Bp＝1.180GL－0.365	0.798
		Dp＝1.276 GL－0.472	0.868
		Bd＝1.190GL－0.443	0.744

注：所有相关性都在 P≤0.01 的水平上显著。

　　第3指的近指节骨在横向尺寸上发育较早，因而在随后的密质骨生长发育中相对缓慢。第4指的近指节骨也有相同的特点，此外还展现出在远端方向上较强的增宽趋势。与之相反，虽然在近趾节骨各处都基本显现出相对于近指节骨更高的横向增宽，但在第4趾的近趾节骨远端方向这种增宽趋势反而较弱。

　　这种指骨与趾骨间生长强度的相对差异在中指/趾节骨上更明显（表31），而第3指/趾与第4指/趾的中指/趾节骨的生长方式非常相似。在纵向生长上，中指节骨的GL与GLpe测量值不再呈现等距增长。而在横向生长上，中趾节骨呈现出相对于中指节骨更高的生长强度，特别是在近端最大厚（Dp）这个测量值上。

　　可以将上述生长模式视为对骨骼负荷增加的一种结构性应对，在指骨上这一点尤为明显。事实上，劳役是造成额外负荷的一个重要原因。另外，牛能在必要的时候只用单侧腿承重（Heyden and Dietz, 1991: 166），而这又将导致这种骨肥厚的个体差异。

6.2　性别决定的差异

在对牛骨依照测量指标进行的性别鉴定中，掌／跖骨可能是最常用的材料。有学者认为，掌／跖骨近端宽度与最大长的比值是对出土牛骨进行性别鉴定的一个可靠指标（Nobis, 1954）。而 Calkin（1956）认为，骨干的最小宽度与最大长之比最具性别指示性，在尺寸难以确定时还可以综合远端宽度进行考虑（Calkin, 1960）。Grigson（1982: 10）则对牛的第二性征所表现出的形态特征进行了详细的总结（考虑阉割情况的话，实际是"三态性"）。

尽管在本研究中没有可供比对的母牛的指／趾骨测量数据，但在分析牛骨遗存时展现出了指／趾骨两性异形的可能性。从近指／趾节骨和中指／趾节骨长度的柱状图中可以看出，存在两性异形（Stampfii, 1976）。Kokabi（1982: 60）认为在第 4 指的近指节骨以最小骨干宽度为自变量、最大长为因变量的散点图中，所观察到的聚类现象是两性异形的表现。Higham（1969）在研究现代阿伯丁—安格斯牛时，发现母牛与阉牛的近指／趾节骨存在差异。

6.2.1　两性异形

本章开头简要介绍了两性异形发展背后的生理机制。采自罗马尼亚的牛及匈牙利灰牛都有可供研究的详细的掌／跖骨测量数据。

众所周知，在改良品种的家畜中，两性异形的现象会有所减少。近来选择性育种的重点集中在具有更大经济价值的身体部位（Hammond, 1962: 158）。在后躯具有相对巨大的商业价值的导向下，前后肢活重的分布比例发生了可观的变化。一个极端的例子就是选择具有"双后肢"的动物（指遗传性肌肉肥厚，一种遗传性的近端区域肌肉肥大，特别是臀部）。而在改良程度较低的公牛品种如匈牙利灰牛中，头部区域显然更重。这是因为在自然界中，公牛的大牛角以及强有力的颈部肌肉呈现出选择性优势。虽然现代牛种的牛角往往更小一些，且显示出的两性异形没有野生反刍动物那么显著，但强有力的颈部肌肉这一特征仍被归属于明显的第二性征（Gerrard et al., 1987: 1238）。

6.2.1.1　主成分分析

对采自罗马尼亚和匈牙利的牛的掌／跖骨测量值及基础体尺测量数据（活重和肩高）进行因子分析，结果以旋转后因子载荷和排序因子载荷列表的方式呈现。与几个因子相关的单变量研究表明，测量值在不同程度上彼此相互重叠，表格可将这些测量值区分出独立群体（表 32）。另一方面，高因子载荷有利于综合判断那些依靠单个测量值难以判断的"背景"变量所引发的病变。

表 32　罗马尼亚牛及匈牙利灰牛的骨骼测量值的因子归类与因子载荷（绝对值＞0.25）正交变换

	载荷系数			共同度（公因子方差）
	主成分 1："粗壮度"	主成分 2："体型"	主成分 3："体高"	
Ddl*	0.953			0.918
Ddm*	0.951			0.921
Bp*	0.936			0.914
Dp*	0.921			0.854
Bd*	0.911	0.262		0.908
Ddl	0.851	0.373		0.865
Ddm	0.835	0.411		0.867
BFdm*	0.877			0.818
Bp	0.850	0.445		0.924
Dp	0.826	0.430		0.879
DD*	0.839			0.788
SD*	0.858	0.318		0.838
Bpm*	0.750			0.581
Bpm	0.733	0.417		0.724
Bd	0.798	0.486		0.911
SD	0.769	0.526		0.876
BFdm	0.728	0.481	0.277	0.839
肩高		0.741	− 0.321	0.657
活重	0.446	0.707		0.699
DD	0.588	0.608		0.734
GL*			− 0.923	0.826
GL			− 0.926	0.867
特征根	12.819	3.393	2.031	18.243
提取百分比	58.300	15.400	9.200	82.900

注：带星号的为跖骨测量数据，其他缩写见图 14。数值越大，变量对因子的信息贡献程度越高，范围为绝对值 0—1。

　　根据"特征根（latent root）"，用特征根＞1 的标准提取三个因子，可包含大部分总方差（85%）。第一因子（主成分 1）可命名为"粗壮度"因子，它与所有横向（内—外侧和掌/跖—背侧）测量指标呈高度正相关。另外，它还与活重呈中度正相关（Sváb, 1979: 67），这表明粗壮度在一定程度上可以反映骨骼重量这一不能在原始数据中直接获取的变量。大部分掌骨测量数据（除了最大长以外）、活重和肩高也都与第二因子（主成分 2）相关，因此，暂将其命名为"体型（body size）"。掌/跖骨最大长和根据其长度算得的肩高对第三因子（主成分 3）的贡献最大，因此，将其命名为"体高（stature）"。值得注意的是，在某种程度上，在主成分 3 中三个测量值与第 3 掌骨远端的测量值呈现负相关，更准确地说，是与掌骨内侧轴状关节面的宽度呈负相关（Bfdm）。这意味着，掌骨内—外侧增宽的趋势在那些较高的牛中并不太显著，除非它们很重且劳役强度很大。

　　将个体数值落点到坐标轴为主成分 1 和主成分 2 的二维平面图上（图 64），可呈现出一种两性异形的阵列。然而，必须牢记，除了性别之外，这组数据中各样本的点位也取决于个体的年龄和状况，其中个体状况包括阉割的影响。母牛的一大特点是骨架最为纤细。然而，由于母牛样本的年龄相对较大，它们在与"体型"测量值相关的主成分 2 中区分度不高。尽管在年轻公牛与阉牛样本间存在一定的重叠，相比于双变量散点图，二者在主成分分析图中更容易被区分。最典型的罗马尼亚役用阉牛分布在图的右侧（骨骼系统沉重，骨骼横向宽大）。年老的匈牙利灰牛公牛与阉牛的主要特点是身材高大，掌骨横向尺寸测量值极大（图 64 上部的个体）。

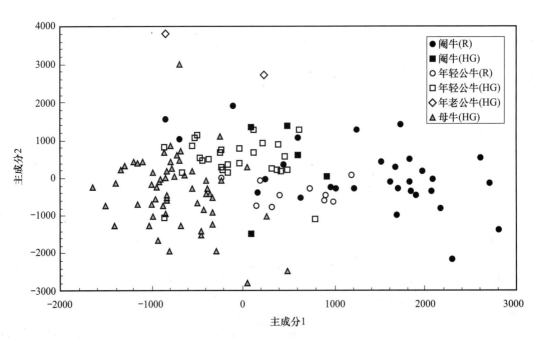

图 64　母牛（灰色图形）、公牛（空白图形）及阉牛（黑色图形）样本在主成分 1（"粗壮度"）及主成分 2（"体型"）的主成分分析图中的分布
采自罗马尼亚（R）及匈牙利（HG）的样本被分别标出

　　"体型"（主成分 2）和"体高"（主成分 3）两个因子之间的相互关系并不能清晰呈现（图 65）。尽管总体而言，匈牙利灰牛中母牛的特点是体型较小，但其体高的数值往往在年轻公牛和某些役用阉牛之上。两头年老的匈牙利灰牛公牛再次因其庞大的体型而显得突出，然而，它们在体高方面并没有什么特别之处。

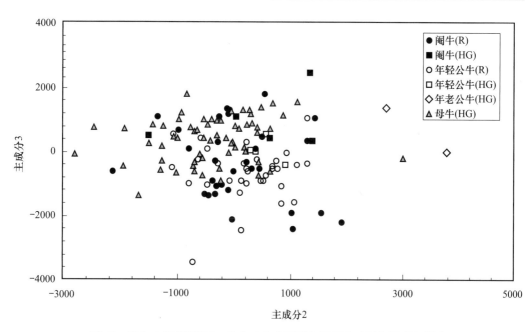

图 65　母牛（灰色图形）、公牛（空白图形）及阉牛（黑色图形）样本
在主成分 2（"体型"）及主成分 3（"体高"）的主成分分析图中的分布
采自罗马尼亚（R）及匈牙利（HG）的样本被分别标出

　　在应用掌 / 跖骨测量数据进行主成分分析时，往往会强调最大长与横向测量值之间
关系的重要性（Schwarz, 1979: 424; Benecke, 1988: 260）。然而，在本研究中却将体尺
测量（活重和肩高）纳入因子分析的变量中，并将重点转向了横向测量值与体型之间
的相关性，而这两个主成分都与掌 / 跖骨长度无明显关联。基于一项关于活体牛体尺
测量数据的分析结果，本研究中主成分分析的结果更符合生理实际。在活体牛研究中，
对匈牙利弗莱维赫、荷斯坦黑白花和利木赞（Limousine）品种的母牛（各年龄段）的
主要体尺测量数据的异速生长系数进行因子分析（Bartosiewicz et al., 1987），可提取出
两个相对独立的主成分。身体容量的相对增长（主成分 1）和骨骼特征的变化（主成分
2）是随着年龄的增长而变化，且在不同品种间存在差异。值得注意的是，所提取出的
这两个主成分与本研究中主成分的概念相似，以"身体容量"及"骨骼特征（包括掌
骨管围，臀端宽，在某种程度上还包括肩高）"作为身体形态的主要特征，与我们目前
的研究结果一致（表 33）。

表 33　通过因子分析选出的影响匈牙利弗莱维赫、荷斯坦黑白花和利木赞母牛生长过程的
两个主成分（Bartosiewicz et al., 1987）

测量项	身体容量	骨骼特征	共同度	
髋宽	**0.847**		0.745	8.278
体长	**0.843**	0.266	0.780	8.667

续表

测量项	身体容量	骨骼特征	共同度	
胸深	**0.770**	0.437	0.784	8.711
胸围	**0.709**	0.499	0.751	8.344
尻长	**0.700**		0.520	5.778
胸宽	0.681		0.494	5.489
肩高	0.618	0.375	0.523	5.811
管围		**0.936**	0.884	9.822
臀端宽		**0.863**	0.793	8.811
特征根	3.913	2.361	6.274	
提取百分比	43.478	26.233		69.711

注：对相关度高的数值作加粗处理。

6.2.1.2 掌骨横向比例

虽然研究材料构成发挥了决定性作用，逐步判别函数也包括其他横向测量数据，但对出土的完整牛掌 / 跖骨进行的主成分分析（Schwarz, 1979: 424; Benecke, 1988: 260），强调了最大长和最小骨干宽对鉴定性别的重要性。对于完整的掌 / 跖骨，其宽度与最大长的比值用于对动物考古遗存进行快速而粗糙的性别鉴定（Bartosiewicz, 1990: 14）。然而，掌骨纵横比在很大程度上受到动物实际负载量的影响。因此，这个指标既可能表示两性异形（图 66、图 67），也可能表示役用强度的差异（图 68、图 69）。鉴于此，对役畜的鉴别还需要进行更细致的工作，且即便如此，得出的结论也可能不够成熟。在一个从动物考古的角度分析控制性育肥的实验中，可以清楚看到掌 / 跖骨纵横比的复杂性。Van Wijngaarden-Bakker 和 Bergström（1987: 70）发现，在两个代表不同营养水平的品系中，这个指标的值会随着活重的增加而增加。然而，更重要的是，他们发现这种看似"明显"的趋势并不总是那么显著。传统指标在应用中的缺陷在于将研究局限于完整的掌 / 跖骨，造成可用样本量的减少，且对于破碎较为严重的材料无法进行性别鉴定。幸运的是，本研究的结果仍然可以与几项改良较少的现代品种牛的系统性观测结果进行比较（Calkin, 1960; Fock, 1966; Mennerich, 1968）。

6.2.1.2.1 近端骨骺

采自罗马尼亚的阉牛的诺比斯指数（Nobis index，表示掌骨的相对近端宽度）平均值（36.7）与 Mennerich（1968: 13）在一项研究中获得的 10—12 岁的德国弗莱维赫牛的指数平均值（36.6）相同。另一方面，匈牙利灰牛阉牛（平均年龄 5.6 岁）和卡尔梅克（Kalmyck）阉牛（Calkin, 1960；最多 4—5 岁，Mennerich, 1968: 16）以及可能营养不良、相对年轻的晚熟品种布萨（Buša）阉牛（Mennerich, 1968: 17）的指数平均值都在 31.8—32.1 之间。采自罗马尼亚的年轻公牛的诺比斯指数平均值处于以上提及的所有不同品种的阉牛的数值范围内。

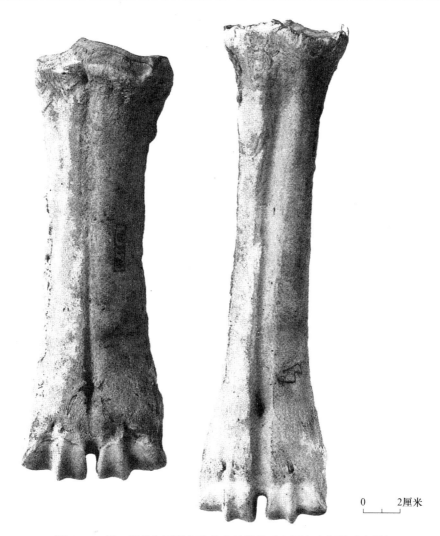

图 66　一例 9 岁的匈牙利灰牛公牛的掌骨（左图）和跖骨（右图）
活重：829 千克；背侧面

6.2.1.2.2　骨干

掌骨长细比指数（slenderness index，骨干最小宽与最大长的比值 × 100%）的平均值与上文所述的趋势一致。然而，这个值低于 18%，可以较容易地将母牛从卡尔梅克阉牛及德国黑白花阉牛中区分出来（Calkin, 1962, Fock, 1966）。Begovatov 和 Petrenko（1988: 107）建议综合考虑将近端宽（Bp）和骨干最小宽（SD）之和作为指数的分子，即 I =（ Bp + SD ）/ GL。在掌骨上应用该公式，能切实将正在讨论的已发表的不同性别的牛清楚地区分开来。只有德国弗莱维赫母牛的掌骨比公牛和更原始品种（如布萨牛和卡尔梅克牛）阉牛的掌骨更加粗壮。然而，即便应用这个公式也无法在多年龄段及多用途种群中将公牛与阉牛区分开来。

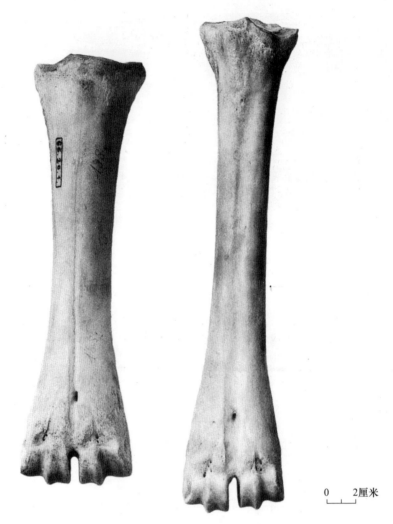

0　　2厘米

图 67　一例 9 岁的匈牙利灰牛母牛的掌骨（左图）和跖骨（右图）

活重：393 千克；背侧面

6.2.1.2.3　远端骨骺

Calkin（1960）提出可用远端宽与最大长比值的百分比的平均值作为性别鉴定的指标。这个指标也可将德国弗莱维赫阉牛（34.3%, Fock, 1966; 34.8%, Mennerich, 1968）和罗马尼亚阉牛（37.2%）从其种群中分离出来。然而，这个指标并不能广泛适用，如改良和中早熟品种德国弗莱维赫公牛和原始品种卡尔梅克公牛（分别为 37.2% 和 34.9%）的相对远端宽与其他牛落入了同一范围内。其余阉牛、较纤细的公牛（布萨牛及其杂交种）和年轻公牛（匈牙利和罗马尼亚灰牛与褐牛的杂交种）在该指标上形成了连续数值，平均值在 31.5%—32.8% 之间。大多数母牛的这个指标的平均值都小于 30.0%。遗憾的是，由于原始数据的缺失以及某些数值存在矛盾，无法对其进行统计学分析。然而，这种数值的显著差异不言自明。

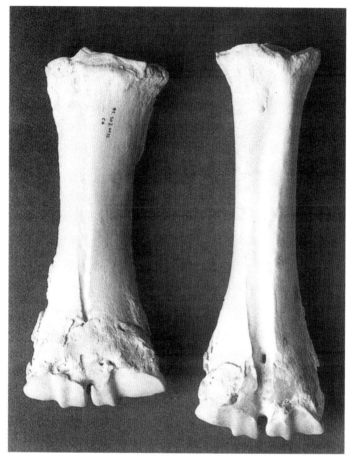

图 68　一例 9 岁的生前从事繁重劳役的罗马尼亚役用阉牛（AMT 91.107.M12）的
掌骨（左图）和跖骨（右图）

活重：650 千克；背侧面

6.2.1.3　增宽和不对称性

科学地讲，牛在行走时身体重心会在垂直于行走方向的水平面上产生位移（Sato et al., 1988: 178）。19 世纪，匈牙利有句俗语——"牛尿呈之字形"，形象地对这种运动进行了隐喻（O. Nagy, 1976: 526）。在形态学上，这种运动形式反映为掌 / 跖骨远端内外侧的增宽，在承载了大部分活重的掌骨上这种表现更为明显。Mateescu（1975）还提出，与现代品种相比，新石器时代的牛桡骨的横向增宽以及背腹侧和内外侧关节的明显倾斜，可能均与牵引使役有关。

在偶蹄目的掌 / 跖骨中，第 3 掌 / 跖骨明显比第 4 掌 / 跖骨粗壮。从生物力学特性来看，在牛的掌 / 跖骨的轴状关节宽度上，也略微展现出了这种差异（Ramaekers, 1977）。很明显，造成这种不对称的一个原因是其两侧分布的负荷不同。在动物考古工作中，这种不对称的形态可用于鉴定掌 / 跖骨来自身体的左侧还是右侧。与掌 / 跖骨的

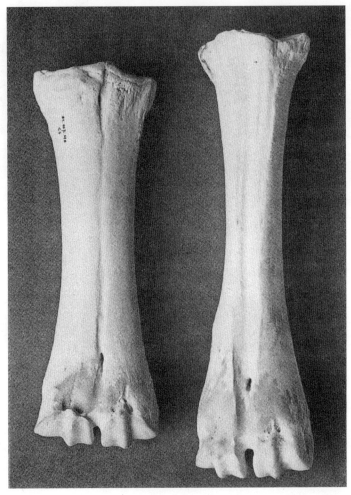

0　　　2厘米

图 69　一例采自罗马尼亚的生前从事较轻劳役的 19 岁的役用阉牛（AMT 91.107.M6）的
掌骨（左图）和跖骨（右图）
活重：449 千克；背侧面

这种差异相似，在同一足的指 / 趾骨上也观察到了不同的负荷（Heyden and Dietz, 1991:
166）。Thomas（1988: 86）通过双变量散点图将关注点转向了两性异形，表现在掌 / 跖
骨的主要承重面——内侧轴状关节面的宽度差。然而，因为两性之间差异模糊，所以
总的来说，主成分分析主要反映的是尺寸变化（Thomas, 1988: 87）。

　　役用阉牛的掌骨和跖骨的骨干横截面差异明显。用计算机断层扫描图像对来自
罗马尼亚的所有个体的掌 / 跖骨长轴中点所在横截面的四个方向的骨壁厚度进行了测
量（内侧、外侧、背侧和掌 / 跖侧），若将测量值总和视为 100%，则掌骨内侧和外侧
厚各约占三分之一（图 70A），较薄的背侧和掌 / 跖侧骨壁占 38%。与之相反，在跖骨
的柱形骨干中，四壁的相对厚度相近（25%）（图 70B）。上述情况可能与以下事实有
关：与前肢相比，后肢在支持向前运动中比在保持身体内外侧平衡中发挥的作用更大

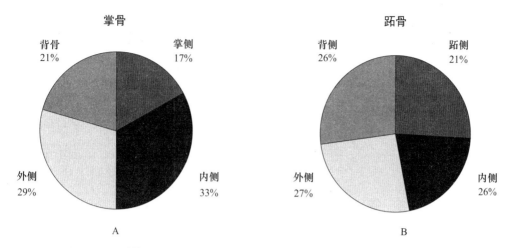

图 70 基于计算机断层扫描得出的采自罗马尼亚的役用阉牛的掌 / 跖骨长轴中
点横截面四面骨壁厚度的百分比图

（Bökönyi, 个人交流）。

掌 / 跖骨远端突起矢状嵴的大小是由内外侧轴状关节面的功能决定的。本研究使用
的三个测量值包括内外侧矢状嵴间的宽（Bcr）、内侧矢状嵴与内侧轴状关节面内侧缘
之间的宽（Dcm）以及外侧矢状嵴与外侧轴状关节面外侧缘之间的宽（Dcl）。后两个
测量值反映了矢状嵴到测量盒两侧的距离，用于研究两侧轴状关节面外围的不对称表
现。由于精确测量存在技术困难，两组数据由不同的观测者记录并取平均值。它们的
十进制对数呈现以下趋势（两组数据呈显著正相关；表 34）。这种相对增宽是明显的，
尤其是掌骨和跖骨的内侧。掌骨外侧的相对增长明显呈递减趋势。与这两个测量值相
比，内外侧矢状嵴间宽（Bcr）可视为展现关节功能性宽度的一个较为稳定的测量项。
相对而言，随着个体活重的增长，这个值在三个测量值总和中的占比会减少。这意味
着，掌 / 跖骨远端轴状关节面外侧区的不对称性是负荷增加的必然结果，以已知活重的
罗马尼亚公牛和阉牛的掌骨的这三个测量值为例，图中个体的分布情况受在这三个测
量值之间所占的百分比的限制（图 71）。其中，外侧轴状关节面的外侧与外侧矢状嵴间
宽的占比相对稳定（Dcl: 25%—30%，虚线内区域）。在大型阉牛中，内侧（Dcm）占
比有大幅度地增加，与之对应的是内外侧矢状嵴间宽（Bcr）的占比减少。

表 34 罗马尼亚公牛和阉牛的掌 / 跖骨内侧（ x = log Dcm ）及外侧（ y = log Dcl ）
矢状嵴与相应轴状关节面对应侧宽度的异速生长方程

		相关系数			相关系数
掌骨	y = 0.572x + 0.560	0.734	跖骨	y = 0.790x + 0.254	0.719

在采自罗马尼亚的 8 例现代役用阉牛的标本中，可观察到掌 / 跖骨（主要是掌骨）
的内侧轴状关节面极其宽大。就相对增长而言，随着活重增加，内侧轴状关节面增宽

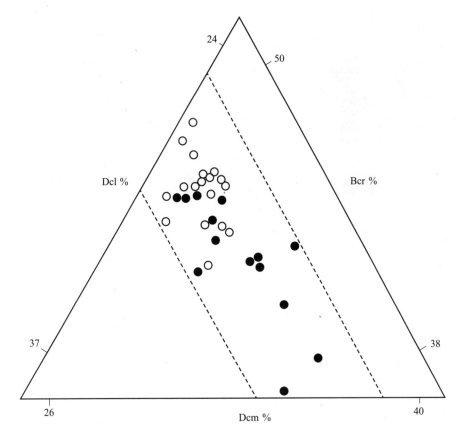

图 71　掌骨远端宽相关测量值所占百分比（以三个测量值之和为 1）的三元图

Bcr 代表内—外侧矢状嵴间宽，Dcm 代表内侧矢状嵴到内侧轴状关节面内侧缘的距离，
Dcl 代表外侧矢状嵴到外侧轴状关节面外侧缘的距离；数据来自已知活重的罗马尼亚公牛
及阉牛；实心圆为活重在 500 千克以上的阉牛

幅度明显大于外侧轴状关节面。表 35 中掌骨的异速生长系数（r＝0.534）较低，表明这种差异在掌骨中表现得更为明显。当对内—外侧轴状关节面生长强度进行比较时，异速生长系数（0.534）表明外侧呈现出增长递减的趋势。在考古样本中亦可常见这种不对称性（图 72—图 74）。在 1 例塞尔维亚布萨牛和 1 个未标明的现代品种（von den Driesch, 1975: Fig. 11）的杂交一代阉牛身上出现过这种变形，但其不能完全归因于巨大的体型。在对罗马尼亚牛掌 / 跖骨测量值的因子分析中，相比于"体型"，内侧轴状关节面的宽度与"粗壮度"相关性更高，尤其是在跖骨中（表 32）。

表 35　罗马尼亚役用阉牛内侧（x＝log 第 3 掌 / 跖骨）与外侧（y＝log 第 4 掌 / 跖骨）
轴状关节面宽度的异速生长方程

	样本量		相关系数
掌骨	28	y＝0.534x＋0.706	0.534
跖骨	28	y＝0.677x＋0.480	0.821

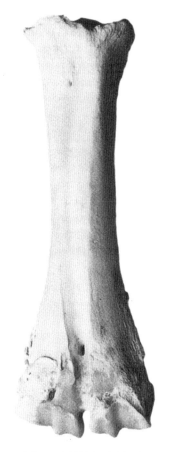

0 ————— 2厘米

图 72　罗马尼亚阉牛（AMT 91.107.M12）的不对称跖骨和出土于比利时那慕尔
Place Marché aux Légumes 遗址罗马时期牛的不对称跖骨

图为二者背侧面

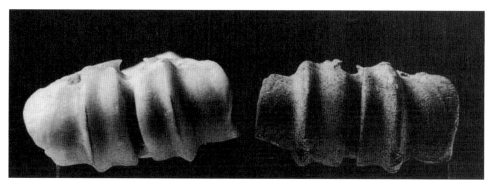

0 ————— 2厘米

图 73　罗马尼亚阉牛（AMT 9l.107.M12）的不对称跖骨和出土于比利时那慕尔
Place Marché aux Légumes 遗址罗马时期牛的不对称跖骨

图为二者远端关节面

0　　　　　　2厘米

图 74　匈牙利 Vác, Széchenyi utca 遗址出土
15 世纪牛的不对称跖骨
上图：背侧面；下图：远端关节面

在比较材料中，已愈合的第 3 与第 4 掌 / 跖骨的这种不对称性，也见于匈牙利灰牛与科斯特罗马牛的杂交种，由于骨骼特征的遗传性比活重的大，这里就有了一个推测，不管杂交优势的影响有什么不同，体现在这些关节上均将是相对体重的增加。

使用异速生长方程研究骨端（骺）外部测量中的两性异形，在表 36 中按性别和掌 / 跖骨列出了这些数据。随着前肢生长，第 3 掌骨的内侧轴状关节面和近端也逐渐变宽：它们的异速生长系数大于 1。阉牛的跖骨和母牛跖骨的内侧轴状关节面上则出现了相反的趋势。这种远端增宽常被认为是多年牵引使役造成的（Ekkenga, 1984: 76; Wiesmiller, 1986: 83）。母牛的掌 / 跖骨的相对生长更加平衡，对此最可能的功能性解释是，母牛的活重在前后肢的分布比公牛更均匀。牵拉作业让役用阉牛的后腿承担了相当大的负荷，这可能会导致所有掌 / 跖骨均衡地增宽。

6.2.2　阉割

6.2.2.1　早期和晚期阉割的目的

阉割破坏了雄性个体中生长激素和睾酮之间的正常协同作用（Sissons, 1971: 154），导致甲状腺功能亢进和中间代谢强度下降。因为睾酮分泌不足可间接导致组织吸氧量降低。与此同时，糖原生成量增加，促进了蛋白质分解，进而延迟了骨骼愈合（Bököayi and Bartosiewicz, 1983: 210），这对长骨的形成有长期的影响。

为提高肉的品质，公牛犊会在 2—5 周的早期阶段被阉割（Guenther et al., 1965; Szentmihádlyi, 1976: 180）。在一项育肥实验中，当对照组的公牛平均活重已经达到 400

表 36 罗马尼亚牛和匈牙利灰牛已愈合的大掌 / 跖骨（x = 第 3 掌 / 跖骨 + 第 4 掌 / 跖骨）
与内侧掌 / 跖骨（y = 第 3 掌 / 跖骨）的异速生长方程

		母牛	公牛	阉牛
掌骨	Bp, Bpm	y = 1.138x − 0.529	y = 1.338x − 0.900	y = 1.060x − 0.379
	Bd, BFdm	y = 1.226x − 0.734	y = 1.414x − 1.094	y = 1.262x − 0.809
	Ddm, Ddl	y = 0.984x + 0.013	y = 0.813x + 0.276	y = 0.968x + 0.041
跖骨	Bp, Bpm	y = 0.762x + 0.046	y = 0.532x + 0.471	y = 1.242x − 0.803
	Bd, BFdm	y = 1.176x − 0.645	y = 0.535x + 0.491	y = 1.310x − 0.907
	Ddm, Ddl	y = 0.983x + 0.016	y = 0.745x + 0.385	y = 1.042x − 0.072

千克时，阉牛仅为 375 千克（Hammond et al., 1978: 94）。该实验在第 10 根肋骨处取一个横截面用于估算胴体构成，结果显示，骨头占比在二者间没有差别（19%），而阉牛的相对脂肪含量几乎增加了一倍（29.2%，而公牛的相对脂肪含量为 16.8%），肌肉组织占比则较少（阉牛 51.8%，公牛 64.2%）。由于生理上的变化，阉牛具有日增重较慢的特点。杂交的公牛犊在活重为 145 千克时被阉割，经过 64 天，日增重会显著下降 8%（Zinn et al., 1985: 97）。而当公牛犊在 230 千克时被阉割，这种增重下降程度呈现递减趋势，饲养到 169 天时平均下降 11%（Zinn et al., 1985: 105）。另一方面，阉割延长了生长时间，可使畜类达到更大的体重。例如，南德温（South Devon）阉牛在 2.5 岁青年期时就能重达 750—800 千克（Fork, 1966: 22）。

就体重而言，尽管役用阉牛通常与公牛有所不同，但在对牛的利用中，很少同时使用同一品种且年龄和饲养方式相似的公牛和阉牛，因此两者之间的差异难以进行比较。在 Calkin（1962）经典的骨学研究中，没有一头卡尔梅克阉牛的年龄超过 4—5 岁，但正是在这个年龄，骨干才真正开始变宽。Mennerich 在图表 3（1968: 147-148）中比对了年轻和年老的弗莱维赫阉牛，其中年轻阉牛的平均年龄为 3 岁，阉割时间为 2 岁。阉割对其掌骨纵向生长的影响已经表现出来，掌骨平均长度（235.1 毫米）超过了母牛的值（221.4 毫米）。尽管一年来没有产生睾酮，而且在阉割时动物的掌骨细长，在第四年后，仍可以发现掌骨明显变宽。有一段与之相关的历史记载：19 世纪初，年龄约为 1 岁的被选作役畜的匈牙利灰牛公牛在春天"天气不再寒冷"时被阉割（Nagyváthy, 1821-1822: 132）。然而，在这种情况下，不建议在其 4 岁之前用于役力。

另一方面，可以将晚期阉割看作是一种替代技术。它的目的是在不严重干扰公牛早期个体发育的内稳态的前提下，最大限度地使骨骼 / 肌肉发育。这种平衡生长使得个体即使在过度劳役的恶劣环境下也可能获得更稳定的体质和更长的寿命。然而，这一决定是以牺牲高大躯体为代价，而高大躯体对于从事牵拉工作的动物来说是一个有利的特征。因此，晚期阉割使阉牛在体质上与公牛相似，但对它们的驾驭变得更加困难，有时甚至是危险，正如公元 3 世纪晚期阿尔及利亚舍尔沙勒（Cherchell）港口出土罗马时期的马赛克上描绘的那样，当时的人们使用鞭子和棍子来赶在犁地的公牛（Ferdière, 1988）。在性成熟期间，不断增加的睾酮水平可促进雄性颈部和肩部肌肉组织的生长（Field et al., 1985: 195; Gerrarda et al., 1987: 1238），这就意味着公牛在相对较晚的3岁时阉割，其前躯已经足够强壮。尽管在3岁时公牛的掌/跖骨就基本达到了成熟的形态，但其他长骨骨骺的愈合时间会稍有延迟，使得其躯体更加高大，这对用作役畜很有意义（Bodó, 1987: 11）。19世纪中期，在爱沙尼亚一本家喻户晓的指南（Jordan, 1852）中，就记载了阉割年龄（时段）对阉牛使役性能和肉质的影响，并且不建议对公牛犊进行早期阉割。这与芬兰和瑞典的做法恰好相反，在这两个国家，早期阉割是惯例，并且认为晚期阉割会导致牛懒惰和快速衰老（Viires, 1973: 441）。对在不同年龄段阉割的公牛的性能上的对立观点表明，不同观点可能在很大程度上是一种约定俗成。晚期阉割方案的实际优势在相距甚远的东南亚也有一个非常相似的记载。用于水田耕作的水牛在2—3岁之间阉割，并在1—2年后才用作役畜，这可保证阉割水牛在未来15—20年内能连续作为役畜使用（Dunka, 1987: 20）。在泰国，饲养这种水牛主要是为了充当役畜，它们被全年用于各种形式的艰苦劳作（Higham et al., 1981: 362）。

6.2.2.2　阉割的骨测量特征

由于组织的发育不同（Pálsson, 1955: 437），阉割越早，对骨骼成熟的影响就越大。同时，早期阉割会使长骨骨骺愈合所需的时间增加近一倍，达到4—5岁，而通常只需要到2—3岁（Figdor, 1927: 108）。因此，阉割显然会影响骨头的最终大小、形状和密度。

虽然在19日龄这个年龄段，掌骨长度就已达到其最终形态的86.9%，但与完全成熟的牛相比，相同骨头的重量仅为其30.8%（Guilbert and Gregory, 1952）。在采自罗马尼亚的研究材料中，凭经验选择的阉割时间为3岁，在0.5岁—3岁之间，掌/跖骨的骨密度大约增加了38%（Fursey, 1975: 197）。正如后文在饲养相关讨论中所说（见章节6.3.3），采自罗马尼亚阉牛的掌/跖骨的矿物成分的增长在2岁以后几乎停滞，其在骨干和远端骨骺中的增长量都低于2 g/cm^2。

在图75和图76的频数多边形（frequency polygon）中，阉牛掌骨测量值按品种标绘为标准分数（standard score），由同一品种公牛的掌骨测量值的平均值和标准偏差计算所得。采自罗马尼亚的年轻公牛与阉牛的掌骨在最大长上无显著差异，要说有什么不同的话，阉牛的掌骨似乎更短（表37）。另外，阉牛的掌骨向内外侧增宽，并朝远端方向呈逐渐增宽趋势（图75A）。因此，阉牛的骨干最小宽度明显比公牛的宽。尽管不能排除是阉割和役用导致其增宽的可能性，但这一趋势在很大程度上反映了两个样本之间存在巨大年龄差（公牛平均年龄为2岁，阉牛平均年龄为10.2岁），对于远端宽这一数据来说尤为如此。

经研究对比，匈牙利灰牛中发育成熟、年龄相当的公牛与阉牛（公牛平均年龄

5.4 岁，阉牛 7.2 岁）差异不显著，这可能是由于样本量较少。然而，在图 75B 中，尽管可供研究的个体数量不多，但早期阉牛的细长掌骨远端在直观视觉上比公牛的稍宽（Ninov, 1984）。

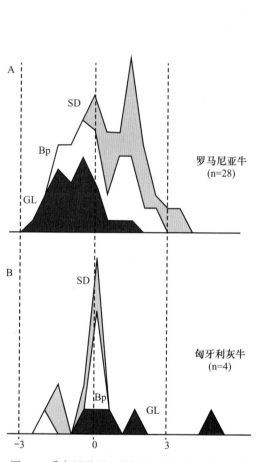

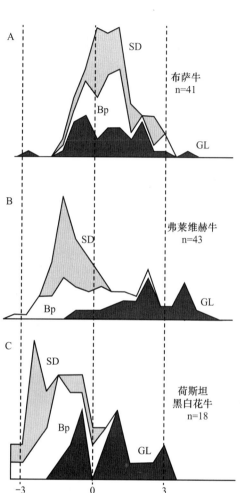

图 75　采自罗马尼亚的阉牛（图 A）和匈牙利灰牛阉牛（图 B）的掌骨的最大长（GL）、近端宽（Bp）和骨干最小宽（SD）相对于同品种公牛测量值的标准化均值（0）的频数分布多边形图

图 76　波斯尼亚布萨牛（图 A），德国弗莱维赫牛（图 B）和荷斯坦黑白花牛（图 C）阉牛掌骨的最大长（GL）、近端宽（Bp）和骨干最小宽（SD）相对于同品种公牛测量值的标准化均值（0）的频数分布多边形图

　　尽管较原始品种的布萨牛阉牛在 17 岁前（Mennerich, 1968: 21）的骨骼相对细长，但与 4—5 岁的育肥公牛相比，它们表现出的掌骨变宽趋势与罗马尼亚役用阉牛相似（图 76A），并且差异更为明显。值得注意的是，在布萨牛的对比中，公牛与阉牛的年龄差异似乎比罗马尼亚牛样本中的要小。然而，这些晚熟的布萨公牛有可能与采自罗马尼亚的 2 岁公牛在骨形态上是相当相似的。大多数纯种布萨阉牛掌骨宽度的标准

分数是正值。阉牛掌骨的近端和最小骨干宽明显较宽（表 37）。原始文献（Mennerich, 1968: 19）中提供的远端宽的平均值和范围与这一趋势相符。

表 37　同品种公牛与阉牛的掌骨测量数据的 t 检验结果

		公牛		阉牛		t 值	P 值
		平均值	标准偏差	平均值	标准偏差		
罗马尼亚牛（公牛 n＝10，阉牛 n＝28）	最大长（GL）	219.0	10.5	214.0	10.6	1.28	0.208
	近端宽（Bp）	74.7	4.5	78.5	5.5	−1.93	0.061
	最小宽（SD）	39.5	2.2	44.6	2.9	−5.06	0.000
	远端宽（Bd）	71.5	3.1	79.6	4.5	−5.24	0.000
匈牙利灰牛（公牛 n＝6，阉牛 n＝4）	最大长（GL）	221.7	4.6	224.6	8.7	−1.04	0.334
	近端宽（Bp）	74.0	5.6	72.6	5.1	0.45	0.666
	最小宽（SD）	42.0	5.3	42.0	4.2	0.01	0.990
	远端宽（Bd）	73.1	5.7	74.4	5.3	−0.39	0.704
布萨牛及其杂交后代牛（公牛 n＝19，阉牛 n＝41）	最大长（GL）	191.2	8.7	196.7	11.7	−1.83	0.073
	近端宽（Bp）	59.4	4.0	63.5	4.8	−3.05	0.003
	最小宽（SD）	33.4	2.8	36.3	3.2	−3.32	0.002
	远端宽（Bd）	60.3	?	65.7	?	—	—
德国弗莱维赫牛（公牛 n＝40，阉牛 n＝43）	最大长（GL）	217.1	6.6	234.5	9.7	−9.43	0.000
	近端宽（Bp）	85.8	4.0	85.6	4.5	0.20	0.843
	最小宽（SD）	49.3	2.8	47.2	2.3	3.78	0.000
	远端宽（Bd）	79.8	?	8.7	?	—	—
德国荷斯坦黑白花牛（公牛 n＝11，阉牛 n＝18）	最大长（GL）	219.5	9.3	225.4	9.3	−1.68	0.105
	近端宽（Bp）	78.6	4.3	74.9	3.6	2.50	0.019
	最小宽（SD）	44.0	2.4	39.9	2.4	4.46	0.000
	远端宽（Bd）	74.0	3.9	73.3	3.6	0.49	0.627

注：布萨牛及德国弗莱维赫牛的数据来自 Mennerich（1968），德国荷斯坦黑白花牛的数据来自 Fock（1966）。t 值＝t 检验的阈值；P 值＝发生的概率。

Mennerich（1968）发现，改良品种德国弗莱维赫阉牛掌骨最大长稍有增加，近端宽变窄，但不显著。最大长的平均值和范围与样本代表性不足的匈牙利灰牛相近（图 75B）。阉牛掌骨最小宽的平均值明显小于公牛。远端宽无显著差异。根据原始记录，大多数阉牛年龄在 4—7 岁，仅少数超过了 10 岁。而这种较早熟的品种的公牛多在 4 岁时被宰杀（Mennerich, 1968: 14）。

年龄相近且非常年轻的德国荷斯坦黑白花公牛和阉牛（公牛平均年龄为 2.3 岁，阉牛平均年龄为 2.1 岁）展现出十分相似的形态（图 76C）。这一品种的公牛，所有内外侧宽的测量值都明显比阉牛的宽（表 37）。然而，该样本的阉牛极不可能被广泛投入到劳役工作。有趣的是，Calkin（1960）在研究年龄不超过 4—5 岁的卡尔梅克阉牛时，发现它们的掌骨比公牛的长且内外侧宽的测量值较小。这些测量特征指示这些阉牛应该仅用于中度劳役。

这些例子表明，掌握不同年龄段牛群的骨骼形态特征对于识别研究材料中的牵引使役非常重要。那些匈牙利灰牛阉牛、德国弗莱维赫阉牛、德国荷斯坦黑白花阉牛和卡尔梅克阉牛的掌骨在动物考古研究中会因为展现了一些"典型"的阉割特征而凸显出来。本研究中专门用于役用的阉牛在测量特征上却近乎相反。然而，这种差异不仅是由年龄与劳役强度差异所导致的，也反映出屠宰年轻公牛的动物利用策略。遗憾的是，在出土的动物考古遗存中如果存在年老才被宰杀的公牛，根据掌骨的测量数值，它很有可能被鉴定为"典型"的役用阉牛。尽管在这里并没有详细讨论母牛的掌骨数据，然而它们的测量数值肯定会与早期阉割的年轻阉牛产生重叠。

6.3　表现型差异

从性别鉴定的角度来看，掌 / 跖骨的长宽比除了受到阉割影响外，还会受品种的影响。驯化的一个最广为人知的影响是表型多样性的增加，这在动物考古材料中很难排除（Bökönyi and Bartosiewicz, 1987: 161）。实验数据表明，这种影响限制了通过横向测量值和长度计算而来的性别鉴定指标的使用（Van Wijngaarden-Bakker and Bergström, 1987: 70）。反映两性异形的指数值通常对于源数据品种来说是有效的。然而，在考古鉴定中，我们主要面对的是界定不太明确的种群。掌 / 跖骨由于愈合时间较早，与年龄相关的这种内外侧增宽进一步加大了鉴定难度。

6.3.1　种间差异

虽然上文已经详细讨论了公牛和阉牛在统计学上的明显差异，但根据定义，这些差异除了受到阉割影响外，还受到品种和环境的影响。因此，对不同性别分别绘制各品种牛的掌骨测量值的三元图。借助三元图，最大长、近端宽和骨干最小宽之间的比例关系可以直观地展现出来。

遗憾的是，在相关文献中有两部重要论著（Fock, 1966; Mennerich, 1968）缺失掌骨和跖骨的远端宽测量值。整合前文所引用文献中的数据，意味着在某些计算中会将这些缺失的测量数据排除在外。更遗憾的是，没有可利用的罗马尼亚母牛的数据。尽管如此，在数据量如此缩减的情况下，分布的差异也十分明显。

　　在母牛中各品种的掌骨差异最为明显，尽管在母牛各组间在动物开发利用与年龄结构上相比于公牛和阉牛更具有可比性。在图 77 中，布萨母牛和匈牙利灰牛母牛的细长掌骨非常相似，尽管后者的掌骨比例与德国荷斯坦黑白花母牛有部分重叠（阴影部分）。弗莱维赫母牛粗壮的掌骨显现出这个品种的母牛是该研究系列里面体型最大的母牛。

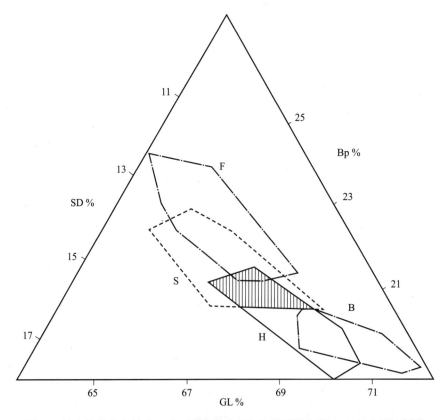

图 77　母牛掌骨最大长（GL）、近端宽（Bp）和骨干最小宽（SD）之间比例的
三元图
阴影部分为匈牙利灰牛（H）和德国荷斯坦黑白花牛（S）之间的重叠区域；F＝弗莱维
赫牛；B＝布萨牛

　　图 78 中公牛掌骨比例显示出一种大体相似且连续的分布，但由于研究样本的年龄结构因品种而异而有些偏离。罗马尼亚年轻公牛的掌骨比例与同一年龄组（2 岁）的匈牙利灰牛公牛和科斯特罗马杂交公牛的掌骨比例有很大重叠。年老的匈牙利灰牛公牛的掌骨比例与德国荷斯坦黑白花公牛的掌骨比例重叠（阴影部分），但与显示出粗壮特征的弗莱维赫公牛的分布范围没有相交。

　　在母牛掌骨比例三元图中建立模式对公牛掌骨仍可适用，但在阉牛（图 79）中已不可见。大致产生了两组聚类。第一组包括匈牙利灰牛阉牛、布萨阉牛和德国荷斯坦

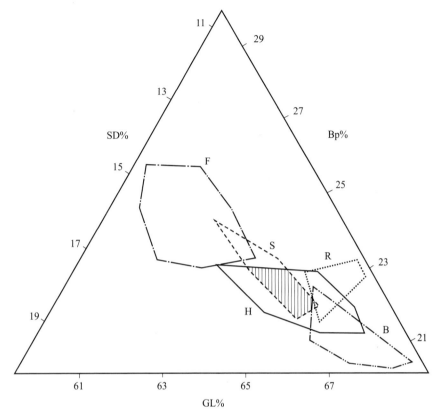

图 78　公牛掌骨最大长（GL）、近端宽（Bp）和骨干最小宽（SD）之间比例的
三元图

阴影部分为匈牙利灰牛公牛（H）和德国荷斯坦黑白花公牛（S）之间的重叠区域；R＝罗
马尼亚年轻公牛；F＝弗莱维赫公牛；B＝布萨公牛

黑白花阉牛，其掌骨相对细长（垂直阴影部分）。然而前两个品种的样本为发育成熟的
个体（7—17 岁），德国荷斯坦黑白花阉牛的平均年龄却只有 2.1 岁，样本年龄过小使
得该品种样本掌骨纤细。第二组包括身材魁梧的弗莱维赫牛和罗马尼亚阉牛（水平阴
影部分）的掌骨，它们与匈牙利灰牛阉牛和布萨阉牛大致处于同一年龄段。

　　如前所述，罗马尼亚牛与布萨牛的公牛和阉牛的掌骨比例的关系相似（图 75A、
图 76A），这两个品种的阉牛役用强度极高。然而，单就个体掌骨形态特征而言，这两
个品种不同。

　　由于在匈牙利灰牛和弗莱维赫牛样本中，阉牛与公牛的年龄结构相似，采取不同
的方式对这两个品种的公牛和阉牛进行比较（图 75A、图 76B）。结果这两个品种中的
公牛与阉牛的掌骨比例显示出一致的表型差异。

　　由于阉割年龄和牵引使役程度不同，前文所提及的聚类的两组间不能进行直接的
掌骨形态特征的比较。然而，可以根据在母牛和公牛品种比较间观察到的明显呈序列
的偏差来对阉牛品种间的差异进行评估。

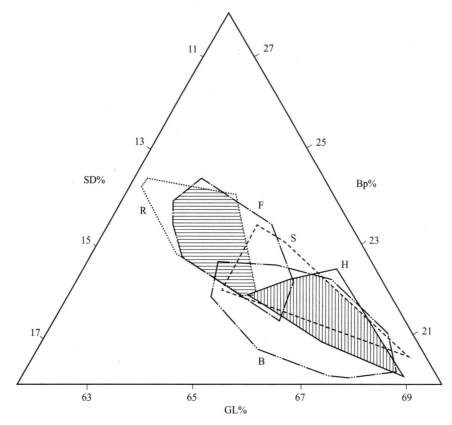

图 79　阉牛掌骨的最大长（GL）、近端宽（Bp）和骨干最小宽（SD）之间比例
的三元图

垂直阴影部分表示匈牙利灰牛（H）和布萨牛（B）之间的重叠区域，水平阴影部分表示
罗马尼亚役用牛（R）和弗莱维赫阉牛（F）之间的重叠区域；S=德国荷斯坦黑白花牛

6.3.2　偏好和选择

役用和肉用对家畜的解剖特征的需求恰好相反。体型越大的动物其胴体中的骨骼和肌肉比例越高，脂肪比例越低（Kidwell and McCormick, 1956: 114）。尽管较长的四肢以及足够强壮的体格被认为是役牛的优选，但选择高屠宰率（胴体重占活重的比例）会导致肩高下降以及胴体重中骨骼和脂肪比例的下降（Cazemier, 1965），而这些特征并不利于役用。

在 Van Rijn（1929: 50-58）的役用马性能测试实验中，我们看到大骨架以及大体重对于役畜的重要性。实验数据（表 5）显示，开始移动所需的力在实际负荷的 7%—18% 之间，而保持物体移动仅需一个更小的力（约为实际负荷的 0.5%—1.7%）。鉴于所涉及的重量和力都有类似的变异系数，可以直接研究它们之间的关系（Atchley et al., 1976: 145）。通过这种方法可以得到一个同样适用于牛的大致趋势。

可以用一个线性回归函数（r＝0.579）来表达动物活重与负重的比值跟启动时的拉力与移动中的拉力的比值之间的关系：

移动中的拉力／启动时的拉力＝（（0.414 × 动物活重）／负重）＋0.891

系数为 0.414（b＜1）表明，活重与负重的比值越大，移动中所需要的力相比于启动所需要的力就越小。传统上，在选择役牛时，大体型的要优先于早熟的。正如 Bodó（1987: 15）在研究匈牙利灰牛时发现，传统上在选择役牛时，更偏向于选择大骨架和大活重的个体。值得注意的是，早期阉割加强了这些特征。

Van Wijngaarden-Bakker（1979: 362）引用了罗马人饲养大型役用阉牛的例子，他认为这是一种目标导向型的、有意识地选择役畜的行为。Baildon 等人（1901: 100-144）提到早在 13 世纪英国农民就已使用德文红阉牛（Red Devon）和威尔士黑阉牛（Black Welsh）。现代南德文郡母牛的肩高为 133—138 厘米，是不列颠群岛上体型最大的牛。这种传统品种的阉牛在 2.5 岁时就能达到 750—800 千克的活重（Hammond et al., 1961: 307）。直到 20 世纪 40 年代，英格兰和罗得西亚才开始将生长速度相对较快的苏塞克斯和德文品种的牛用于役力（Garner, 1944: 78）。

有两个有趣的关于尺寸的参考资料值得在此引用，尽管它们在科学上不够准确。1783 年瑞士的一幅蚀刻版画展示了对大型阉牛的迷恋（De Bluë, 1985: 64-65）。在艾因西德伦动物展上展出的这头牛高 6 英尺 3 英寸[①]，长 10 英尺，重 1500 千克（图 80）。

图 80　一幅 1783 年艾因西德伦的蚀刻版画上的巨大的阉牛（De Bluë, 1985）

① 译者注：1 英尺＝30.48 厘米；1 英寸＝2.54 厘米。

另一个例子是一首 Jack Thorpe 的民谣（Tribute to Old North），其中描述了一头传奇的德克萨斯长角役用阉牛。Dobie（1951: 242）对其进行了引用："黄褐色，瘦骨嶙峋，三岁大，身高 6 英尺，绑在沉重的货车棚里，只要一用力，链子就会断掉。"

按照现代标准，德克萨斯长角牛最多是中型的较纤细的动物，母牛和公牛的平均肩高为 120—130 厘米（Sambraus, 1989: 84）。对于这种生长缓慢的品种来说，身高能够超过 180 厘米，尽管没有明确说明，但很可能有部分是通过目标导向的早期阉割来实现的，阉割发生在 3 岁以前。这与罗马尼亚役用阉牛形成对比。先前的例子也表明，经过连续四十年的对物种的选择（即使是在原始品种中这种选择都能多达 10 代），动物的体高会受到严重的影响。例如，20 世纪早期在安纳托利亚，由于选择对体型最大的公牛进行阉割，最终导致该牛群的体型普遍变小（Spöttel, 1938: 142）。在 Mennerich（1968: 15）研究的现代德国弗莱维赫牛的例子中，为了防止牛腿变得太长，选择了肩高较低的公牛进行繁殖。他提到那些身材纤细、腿长的公牛会在 2—3 岁时就被带到屠宰场，因而无法在牛群中见到这种特征的 4 岁及以上的公牛。因此，可以理解为什么在匈牙利灰牛母牛与公牛的掌 / 跖骨的最大长间仅存在细微差异（表 25）。较高的匈牙利灰牛公牛犊也可能被选择进行阉割，而后役用。同样地，Fock（1966: Tabs. 10, 12）在弗莱维赫母牛和年轻公牛中获得了相似的长度测量均值：这符合传统育种中的普遍做法，即通常优先选择最重、最健壮、性别特征发育最明显的公牛作为种牛。

6.3.3　饲养的影响

在对本研究中的样本品种进行说明时，基于匈牙利灰牛母牛的非实验性数据简要讨论了饲养对骨骼纵向生长的影响（表 3）。在 Mennerich（1968: 15）的研究中，德国弗莱维赫阉牛来自经济条件相对较差的小农场，饲养条件不如公牛。由于卡尔梅克牛和布萨牛（Calkin, 1960; Mennerich, 1968）相对于粗壮的现代品种的牛而言拥有更纤细的掌骨，它们与史前及早期历史时期的牛更具有可比性。

6.3.3.1　营养状况

长期营养不良的牛的一些身体比例特征，如长腿和相对较大的头，可被视为"婴儿"的身体特征。年轻的牛具有相对大的骨盆前后径，这一特征也可见于发育迟缓的成年个体中，因而也有这样一种说法，"原始品种的牛拥有更长的后肢"（Gautier and Rubberechts, 1976: 80; French et al., 1967: 69, 315）。动物的后肢比前肢更早发育成熟，达到相应尺寸，肩高却更多地受到年龄和生存状况的影响，因而相比之下，饲养者更偏向于测量相对稳定的骨盆前后径（Van Wijngaarden-Bakker and Bergström, 1987: 71）。

在一项经典的不同血统及营养水平的羊的比对实验中，环境对掌 / 跖骨形成的影响被清楚地说明出来（Hammond, 1932; Pálsson and Vergés, 1952）。研究发现，营养不良的个体与原始品种更相近。另一方面，对优良品种的育肥可能会加速掌 / 跖骨尺寸达到其生理最大值。尽管与役用马（Langdon, 1986: 159）及现代的高性能乳用牛和肉用牛相比，传统役用阉牛的饲养显得非常粗放，但在相同的牛群饲养体系中，它们还是比年轻公牛对营养的需求要高。否则，它们就难以在役用中充分发挥作用。

在另一个例子中，可以明显看出环境和基因型之间的相互作用。现代瑞典娟姗母牛从很小的时候就开始集约化饲养，致使它们患跗节内肿的概率增加了两倍（Holmberg and Reiland, 1984: 126），而在同一研究中，其他品系的同样被拴系的奶牛未见这种情况。在役用阉牛中，跗节内肿的病因更有可能是由于役用，而非集约化喂养引发的遗传性代谢紊乱。这个例子清楚地说明了问题的复杂性。

6.3.3.2　役用

在本研究中，假设环境对阉牛最明显的影响是牵引使役本身。在不低估其他因素作用的情况下，将关注点集中在役用导致的形态变化上，特别是功能性骨肥大和骨质增生。

图 81 为分别以主成分 1（粗壮度；表 32）的数据和采自罗马尼亚牛的掌骨重量为横、纵坐标绘制的散点图。从点的分布可以看出，掌骨重量在年轻的公牛和年老的阉牛（约为 340 克）之间有明显的区别。另一方面，尽管年轻公牛在“粗壮度”这个变量上的值不高，但是阉牛的这个值却落在一个非常广泛的范围内，并且包含了年轻公牛该值的范围。值得注意的是，主成分 1 主要受跖骨两端骨骺横向测量指标的影响。简而言之，虽然骨骼重量随着年龄的增长而增加，但骨骼的“粗壮度”并没有表现出如此明显的趋势。

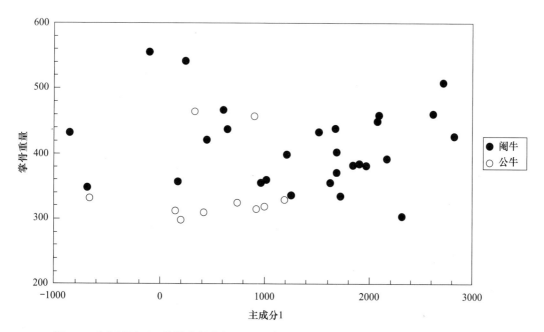

图 81　采自罗马尼亚的样本的掌骨重量（单位：克）与“粗壮度”（主成分 1）的关系

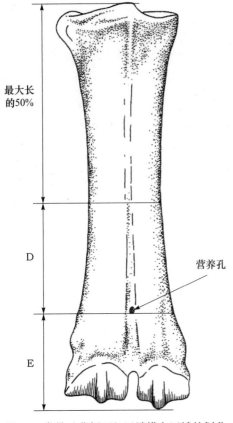

图 82　掌骨（背侧面）远端横向区域的划分
D=骨干远端区，E=远端骨骺区

最大长
的50%

营养孔

D

E

采自罗马尼亚的所有个体样本均可用于
远端骨骺骨矿化的研究。前文已提及这些晚期
阉割、老龄的役用阉牛与成年公牛在骨骼上相
似。正因如此，将它们的骨骼与年轻公牛的骨
骼放到一起进行研究。这样不仅增加了样本量，
而且可以将这两组样本看作"个体发育"的顺
序。表 38 比较了骨干远端区（穿过掌 / 跖骨长
轴中点的横截面与营养孔所在的横截面之间的
部分；图 82）的骨矿物质含量与远端骨骺（营
养孔所在的横截面至骨骺最远端）的骨矿物质
含量。对于 3 岁时才阉割的这类晚期阉割的役
用阉牛来说，阉割时掌 / 跖骨远端骨骺的骨化
基本已经完成。然而，计算出的回归系数不仅
显示出骨骺区存在较长的骨化过程，并且在掌
骨和跖骨之间显示出一致的差异。在采自罗马
尼亚的牛的掌骨中，无论是骨干还是远端骨骺，
骨矿物质含量的增加都维持在低于 2 g/cm^2 的水
平。在 2 岁以后的样本中，在这些高负重、早
熟的骨骼中矿物质含量区别很大。掌骨中测量
的低值表明，这些骨骼可能承受了更大的负
荷，加速了它们的骨化过程。因此，这个过程

在骨骺区域更一致（图 83）。跖骨的矿物质含量相对较高，表明在其骨骺中矿物质的沉
积更密集（超过 2 g/cm^2），承载的活重较少。这种长时间的骨化过程似乎更平衡，最终
使得跖骨远端区域的"密度"值更高（图 84）。Bökönyi 等（1965: 241）观察到了这一
现象的等效结果，发现生长缓慢的原始品种的牛的骨骼重量要高于很快达到最终活重
的早熟品种的骨骼重量。

表 38　采自罗马尼亚的牛的掌 / 跖骨远端矿物质重量的增值

		骨干		骨骺	
		面积	重量	面积	重量
掌骨 （n=13）	平均值	31.734	55.511	30.572	47.592
	标准偏差	3.695	7.204	3.981	7.739
	变异系数	0.116	0.130	0.130	0.163
	平均密度（g/cm^2）		1.749		1.557

续表

		骨干		骨骺	
		面积	重量	面积	重量
掌骨 （n=13）	相关系数（r）		0.897		0.972
	方程式	$W = 1.748\ A + 0.012$		$W = 1.881\ A - 9.909$	
跖骨 （n=11）	平均值	34.501	68.606	28.855	47.691
	标准偏差	6.411	13.159	3.058	7.217
	变异系数	0.186	0.192	0.106	0.151
	平均密度（g/cm²）		1.989		1.653
	相关系数（r）		0.976		0.954
	方程式	$W = 2.002\ A - 0.476$		$W = 2.251\ A - 17.269$	

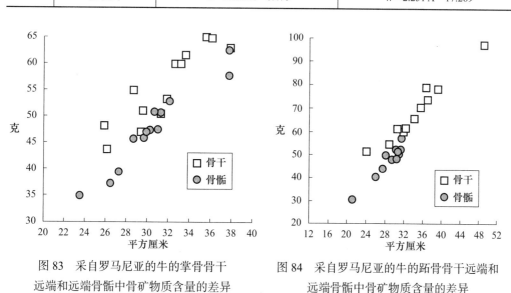

图 83　采自罗马尼亚的牛的掌骨骨干　　　　图 84　采自罗马尼亚的牛的跖骨骨干远端和
远端和远端骨骺中骨矿物质含量的差异　　　　远端骨骺中骨矿物质含量的差异
在骨骼背侧面进行测量　　　　　　　　　　在骨骼背侧面进行测量

　　第 3 掌 / 跖骨与第 4 掌 / 跖骨的骨矿物质含量也存在类似的差异（ Bartosiewicz et al.，1993: 71, Fig. 2 ）。与宏观形态上的不对称相一致的是，位于大掌 / 跖骨内侧的相对粗壮的第 3 掌 / 跖骨的骨矿物质含量相对于第 4 掌 / 跖骨而言更高。这一情况在掌骨上表现得更为明显，第 3 掌骨的矿物质沉积明显高于第 4 掌骨。这种不对称性会随着阉牛的年龄和身体尺寸的增大而增加。

　　采自罗马尼亚的役用阉牛拥有更宽且不对称程度更高的掌 / 跖骨，一方面是由于其屠宰年龄较大，另一方面可能是由于其劳役于丘陵地带。表 6 性能测试的结果表明，取决于道路的质量，5% 的坡度有时可能会使向前牵拉所需的力（表现为负重的百分比）增加一倍。Mennerich（1968: 21）也从丘陵地形在机械学上的效应角度对体型相对小而纤细的布萨牛的掌骨变宽做出了解释。另一方面，本研究中讨论的匈牙利灰牛的个体都来自匈牙利大平原，它们的劳役强度相对较低。在采自罗马尼亚的阉牛样本中，有一例代表性个体 AMT 91.107.M6，来自布泽乌镇（Buzău）东部平原上的扎尔内斯蒂村（Zărneşti）。在这种自然环境下，且由于该地着重于农业生产而非林业，动物的劳役工作并不繁重。因此，虽然该个体在这批研究样本中年龄最大，但它的骨头看起来却是"最健康"的。

第7章 骨的内部结构

7.1 总 论

7.1.1 与年龄相关的差异

随着哺乳动物身体尺寸的增加，支撑结构也随之改变，以减少对骨骼的压力。在大型哺乳动物中，这种结构差异反映出它们需要将支撑的载荷从肌肉向骨骼转移，以承受压力，并减少骨骼的弯曲载荷。在家养的有蹄类动物中，四肢骨骼的载荷是由各骨骨皮质（骨密质）表面主要压力的角度决定的。而步态周期决定骨骼结构和形状（Lanyon, 1981: 310; Preuschoft, 1989: 177）。役用牛掌/跖骨的外部特征会对这一情况有所体现，这是因为骨重建（骨重塑）是一个适应过程，其对动态载荷远比静态载荷更敏感（Heřt et al., 1972: 295）。

物理性质、孔隙率与无机成分含量之间的关系（Bonfield and Clark, 1973: 1592）同样重要。就人而言，骨骼密度的下降与骨骼强度的下降直接相关（Amtmann and Schmitt, 1968: 30）。

Kratochvil 等人（1988: 456）的研究表明，用牛掌/跖骨的放射线影像可鉴定牛的年龄，在对一千多例样本的研究中，研究人员观测到，随着年龄增长，骨干的骨壁厚度显著增加，骺软骨逐渐消失，发生骨吸收现象。

骨头矿物质含量检测数据表明，愈合相对较晚、承受活重体量相对较小的跖骨，其矿化强度相对较大。当然，这一过程在较厚的骨骺区域即滋养孔所在横截面至骨骺最远端的区域更明显。这种与年龄相关的差异在跖骨远端的核磁共振影像中也有所呈现。Paaver（1973: 52）通过显微观察发现许多野生动物密质骨的骨单位数量会随年龄的增长而增加。然而，他在牛上却没有观察到哈弗氏管（亦称中央管或哈氏管）随年龄增长而增加的现象（Paaver, 1972: 130）；Lasota 和 Kossakowski（1972: 126）研究欧洲野牛个体发育时，观察到这一似乎恒定的指标也发生了波动。因此，哈弗氏管直径成为骨单位形成的一个动态特征（Paaver, 1973: 60）。

7.1.2 与性别相关的差异

虽然 Kratochvil 等（1988: 459）在其研究中没有详细说明使用牛掌/跖骨的放射线

影像鉴定性别的标准，但根据其他反刍动物所呈现的趋势推测，该方法可能也适用于牛。欧洲驼鹿掌骨的密度值随年龄增长而增加，这种增长呈现出两性异形：雄性的骨骼密度更大，这与它们较大的胴体重量相一致（Bartosiewicz, 1986a: 166）。同时，相对于胴体重量，掌骨的纵向增长也在个体性成熟后在两性之间出现差异，即与雌性相比，雄性的相对增长速度减缓（Bartosiewicz, 1987c: 356）。此外，在一种比较原始的绵羊的掌/跖骨的放射线影像研究（Horwitz and Smith, 1990: 661）中，发现雌性的骨干密质骨的厚度呈相对高的多样性，这可能是由营养、妊娠和泌乳应激等因素综合造成的。事实上，史前时期，山羊的密质骨变薄与密集挤奶相关（Horwitz and Smith, 1991: 34）。在欧洲野牛的个体发育过程中，未见哈弗氏骨的显微结构表现出明显的两性异形（Lasota and Kossakowski, 1972: 127-128）。

7.1.3　表型差异

除了年龄外，运动不足也会使骨血管化降低（Sokoloff, 1963: 97），野生种与相对应的家养种之间存在遗传性组织学差异，亦归因于野生种的血液供应效率比家养的高（Angress and Reed, 1962）。

与野牛相比，家养的牛密质骨更薄，骨髓腔更大。此外，随着驯化程度的加深，掌骨的密质骨向远端骨骺处的纤维化程度加深，松质骨结构更为精细。家养动物的骨基质中磷灰石含量低，表明其骨密度也低。其剩余的骨化物质则以最优的承受压力的结构排列（Bökönyi, 1974: 107）。Bökönyi 总结认为"一些功能性原因也可能在其中发挥作用"，这使得这些观察结果与我们的研究相关，启发我们使用计算机断层扫描技术对某些样本进行研究。

Paaver 对新石器时代的野牛和现代爱沙尼亚红牛（Estonian Red）进行了显微研究，发现每单位面积上骨单位的数量相对恒定，且它们的直径几乎没有差异，而骨单位的形状在野牛和家牛之间存在差异（Paaver, 1972: 132）。这一观察是在跟骨的背侧面薄切片上进行的，家牛与它的野生祖先在跟骨尺寸上的重叠度非常小（Lasota-Moskalewska and Kobryn, 1989: 629），Lasota-Moskalewska（1979: 385）也发现野牛骨单元总面积与系统间物质总面积的比值比家牛高。Paaver 观察到，不同品种的牛在哈弗氏管面积与相关骨单位面积的比值上存在差异（重建指数 remodelling index; Paaver, 1973: 128）。虽然没有将这些结果与功能直接联系起来，但 Paaver（1973: 195）进行的种间研究表明，大型动物的骨单位相对更大，单位面积上的哈弗氏管相对较少。

7.2　役牛掌/跖骨的显微分析 [①]

7.2.1　绪论

本研究的目的是，描述役用阉牛掌/跖骨的显微结构，并寻找可用于在动物考古材料中识别这类个体的显微特征。这项研究于 1992 年在中非皇家博物馆和天主教鲁汶大学地质系进行。由于时间限制，分析仅限于少量个体。研究中尝试将 3 头罗马尼亚阉牛的数据与 1 头罗马尼亚公牛和 1 头匈牙利灰牛母牛的数据进行比较。

7.2.2　材料和方法

研究中的个体样本信息列于表 39。这些样本是从现有样本中挑选出来的，除一例不同以外，其余四例样本活重非常相似，在 449—501 千克之间。希望借此减少活重可能对压力相关特征形成的干扰。此外，各样本年龄存在很大差异。但应注意的是，两头同样 8 岁的阉牛在重量上有很大的不同。因此，这些样本可以反映出与单因素相关的差异。匈牙利灰牛母牛的年龄在屠宰时没有记录，但根据骨骺愈合状况，我们知道它的年龄超过 2—2.5 岁。

表 39　用于组织学研究的动物样本

性别	年龄（岁）	重量（千克）	样本编号
公牛	2—2.5	500	91.107.M15
阉牛	8	850	91.107.M11
阉牛	19	449	91.107.M6
阉牛	8	501	91.107.M13
母牛	>2.5	500	HAM 144

注：母牛来自匈牙利农业博物馆，其他样本保藏在中非皇家博物馆。

对每个个体的掌骨和跖骨进行切片，通过横截面来观察不同类型的骨组织。横切面选在骨干最小宽（SD）所在的面，这里的密质骨最厚，找到更多类型的骨组织的概率最大。首先，用普通矿物锯切割出几毫米厚的骨干，然后将其放入低速金刚石锯中进一步切割成精细的横截面。切片厚度为 100 微米。有时候仅使用金刚石锯就可以获得这些很薄的切片，但有时候则必须用各种矿物研磨粉使切片达到足够的薄度。将薄切片粘在标准的显微镜载玻片上，盖上盖玻片，用偏光显微镜放大 50—100 倍进行仔细观察和分析。

[①]　本节作者 Marian Fabiš。

7.2.3　结果

所分析的动物掌 / 跖骨都具有以下共同的显微结构，从骨髓腔向骨（外）膜分布着不同类型的骨组织（图 85、图 86）。

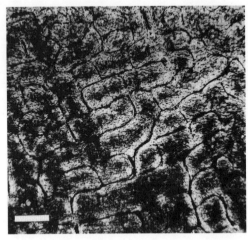

图 85　公牛 AMT 91.107.M15 的跖骨跖侧面的横截面

该区域位于骨内膜到骨外膜的 3/4 处；在骨组织的纤维板层丛状结构中未见继发性骨单位；比例尺为 1 毫米

图 86　阉牛 AMT 91.107.M6 的跖骨跖侧面的横截面

该区域位于骨内膜到骨外膜的 3/4 处；可见继发性骨单位重建，即骨组织出现基本的丛状结构；比例尺为 1 毫米

一、内层（内环骨板）靠近骨髓腔面，由板层骨组织组成，伴有极少量的呈放射状排列的原生血管。相邻的放射状血管之间的区域往往非常大，因此，板层组织呈现出无血管的外观。

二、然后是一层哈弗氏骨组织（Haversian bone tissue）[①]，在少数情况下可以被观察到，主要参与纵向、网状、丛状骨组织的重建。这些区域的哈弗氏系统排列紧密，同时存在几代哈弗氏系统。

三、外层（外环骨板），其外与骨外膜相邻，哈弗氏系统向外逐渐被纤维板层状组织取代，有纵向和网状两种结构，但以网状为主。

四、最后，在所有研究样本中，原生血管中的纵向血管都位于掌 / 跖骨背侧面。它们呈环形排列，从而形成环形层。原生血管的网状结构逐渐向骨的外表面呈放射状。骨头以这种环形纵向呈放射状排列的管道为主。纵向原生血管组织环形排列在掌 / 跖骨背侧面的外侧和内侧以及掌 / 跖侧面。纤维板层网状组织在掌 / 跖侧面逐渐被丛状组织所取代。

---

① 译者注：即哈弗氏系统（Haversian system），亦称哈弗斯系统、骨单位（Osteon）。

接下来，我们将集中讨论个体之间在微观结构上的差异，主要是哈弗氏系统的分布不同。

7.2.3.1　阉割

三头阉牛（AMT 91.107.M6、M11 和 M13）的掌/跖骨都有致密的哈弗氏系统以及一层较薄的内环骨板，骨密质血管斜行于骨干纵轴，自骨干周围走向中央，即呈放射状分布。与前文描述的排布方式总体一致，不同之处在于，哈弗氏系统也出现在了截面的其他区域。在掌骨中，截面的整个背侧区几乎都能检视到分散的次级骨单位（secondary osteons，继发性哈弗系统）。然而，这些骨单位在发生过程中是很分散的，在掌侧区的外侧和内侧分布稀少。在这些区域，次级骨单位开始重建，在此处出现初始血管的网状骨组织。与截面的背侧相比，次级骨单位在掌侧面出现得更为频繁，初始血管的丛状组织在掌侧面占优。然而，这个发生率仍低于紧邻内环骨板的致密的哈弗氏系统区域。有趣的是，在接近外骨膜区域，发生率也变得更高。在紧靠骨外膜下表的位置，次级骨单位的数量非常多。在分析的所有阉牛样本中，次级骨单位在掌骨背侧面的分布几乎没有区别，但是在掌侧面存在密度差异。次级骨单位的分布与密度在个体 AMT91.107M6 和 M11 中十分相似，而在 AMT91.107.M13 个体中数量较少。

尽管次级骨单位在跖侧面数量有所增加，在跖骨背侧面的数量十分少。与掌骨相似，靠近内环骨板的哈弗氏系统致密，且骨密质血管呈放射状分布，在向骨外膜表面的方向数量逐渐变少。次级骨单位出现在初始血管的丛状组织中。它们可以排列成或大或小的群组，也可以单独出现。在接近骨外膜表面时，它们会排列得更密集且数量增加。与其他阉牛样本相比，阉牛个体 AMT 91.107.M13 在上述所有层中的次级骨单位数量都最少。

7.2.3.2　公牛

该个体的哈弗氏系统或次级骨单位的分布与上述阉牛不同。公牛的掌骨和跖骨切片与本章开头给出的总体描述一致。然而，与阉牛不同的是，在公牛身上，哈弗氏系统或次级骨单位仅出现在靠近内环骨板的位置。在掌/跖骨的各个侧面都是这种情况。

7.2.3.3　母牛

在很大程度上，母牛掌/跖骨的微观结构与在公牛身上观察到的情况类似。在掌骨和跖骨的背侧面，仅在与内环骨板相邻的层中观察到哈弗氏系统。在掌/跖侧面靠近内环骨板层处观察到密集的哈弗氏系统。哈弗氏系统在向骨外膜的方向密度逐渐降低，最终降为 0。然而，散布于主要初始血管丛状组织中的次级骨单位数量非常少，它们也零星地出现在骨外膜下层。

7.2.4 讨论和结论

在所研究的牛掌 / 跖骨中，不同类型骨组织的基本排列与其他作者的研究结果一致（Enlow and Brown, 1956, 1958; Currey, 1984; Francillon-Veillot et al., 1990）。所有掌 / 跖骨都在靠近内环骨板的部分发现了哈弗氏系统，且骨重建在靠近髓腔的部分比骨外膜的部分发生得更频繁，这与在哺乳动物中观察到的一般情况相符（Atkinson and Woodhead, 1973; Bouvier and Hylander, 1981）。然而，哈弗氏系统和次级骨单位也出现在所研究部位的其他区域。次级骨单位成群或单独地出现在阉牛个体 AMT 91.107. M6 和 M11 的掌 / 跖骨的掌 / 跖侧，在这里参与重建普遍存在的纤维板层丛状组织。在掌 / 跖骨的掌 / 跖侧面的骨外膜下层之内和之下存在几代次级骨单位。阉牛 AMT 91.107. M13 的显微结构与前两例个体相似，只是哈弗氏系统和次级骨单位的密度较低。在公牛 AMT 91.107.M15 中，除常见的哈弗氏系统在靠近内环骨板变得致密外，在其他部位没有发现次级骨单位，而在母牛 HAM144 中，次级骨单位在各部位都十分罕见。

可以尝试用这种次级骨单位分布的差异区分动物的不同利用方式与程度。在静态力和动态力作用下，骨骼受力弯曲与长轴平行。虽然通过一些机制可以将压力的影响降到最低，但是骨骼不可能把它完全消除。骨骼在弯曲时凹面受到压缩力，凸面受到拉伸力（Kolda, 1936）。骨骼承受压缩负荷的能力高于拉伸负荷（Currey, 1984）。役牛掌 / 跖骨的掌 / 跖侧承受拉伸负荷，因此，从骨抵抗力方面来看，与重建哈弗氏系统相比，我们期望这些部位只存在抵抗力更强的纤维板层骨（Currey, 1984）。然而，却是初始丛状组织在掌 / 跖侧占优，且含有大量重建这种丛状组织的次级骨单位。这种微观结构看来似乎很奇怪，因为相比于原发骨（原始骨），次级骨单位没有任何优势，它在承受拉伸载荷的能力方面甚至弱于纤维板层骨（Currey, 1984）。对哈弗氏系统和次级骨单位的分布可能的解释是原始骨的二次重建，骨骼反复受到过度的载荷可能引起疲劳性骨折，出现裂纹，这可以被次级骨单位修复（Devas, 1975）。这种裂纹很有可能出现在役牛掌 / 跖骨的掌 / 跖侧。Heřt 等人（1972）研究了在弯曲载荷下原始骨的重建，重建发生在从骨内膜到骨外膜下表面约 1/2 到 3/4 距离的区域。实验中次级骨单位出现的区域与在役畜中出现的区域完全一致。在这些部位，研究样本中的公牛掌 / 跖骨处未发现次级骨单位，在母牛中也很少见。目前尚不清楚这是否与动物的性别或体重有关，又或者是与匈牙利农业博物馆这些个体的役用史记录不全有关。我们认为，哈弗氏系统和 / 或次级骨单位的发生和分布很可能与动物利用有关。为了进一步证实这种假设，仍需要更多的样本去研究个体的性别、年龄和体重所带来的干扰。

第8章　蹄　与　装　蹄

8.1　装蹄的作用

　　牛蹄角质层（蹄匣）沿蹄的背侧缘（蹄缘）每月平均生长量约为7毫米（Ruth,
1969: 185）。马蹄角质层平均8个月替换一次（Tormay, 1884: 51）。尚未有数据表明
牛蹄角质层的生长受性别影响。但是，母马和阉马的马蹄角质层生长速率高于公马
（Tormay, 1884: 49）。而无论是在马还是牛中，后蹄角质层的生长都比前蹄快（Tormay,
1884: 49; 1887: 124）。这可能与上文提到的前后肢所受压力不同有关。牛角质细胞的
含水量与蹄踵（蹄球，fetlock）节角度对于调节磨损率都起着重要作用（Heyden and
Dietz, 1991: 166）。B. Kovács（1977: 26）认为，似乎角质层颜色越暗（黑）的品种，
其蹄部的抗磨损能力越强（图87）。

　　给役用阉牛装蹄的目的是减少
磨损，从而降低劳损、跛行和疼痛
的发生率，尤其当动物在坚硬的地
面行走时更是如此。当动物用于牵
引使役时，磨损程度可能会急剧增
加。在土耳其布尔杜尔省，役用阉
牛如果在坚硬的地面劳作，每隔2
个月就需要更换一次手工制作的蹄
铁，而当地面较软时，每隔4个月
才换一次（图88）。20世纪时，在
匈牙利，手工制作的蹄铁被工业

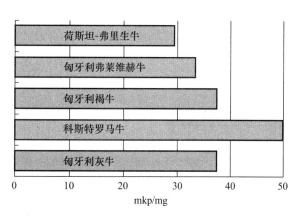

图87　各个品种牛的蹄部抗磨损的能力
图片显示了每磨损1毫克角质层所需要的做功量（单位：mkp）

化生产的蹄铁取代（图89）。使用机电设备在母牛蹄子表面每平方厘米装4个传感器
（Mair et al., 1988; Distl et al., 1990）进行研究，结果显示，牛自身体重在牛蹄的外缘分
布不均，蹄底中部承受的重量相对较小。装蹄不仅是一种对蹄部的机械性保护，还可
以补偿因为繁重使役产生的各种错误步姿所带来的损伤（Habacher, 1948: 194-195）。
装蹄也可起到矫形的作用，但是蹄铁的形状必须与矫形的实际情况相符。在为阉牛装
蹄铁时，可能会在蹄子与蹄铁之间放上木头、皮革或橡胶制作的内衬（Rulhe, 1969:
193）。

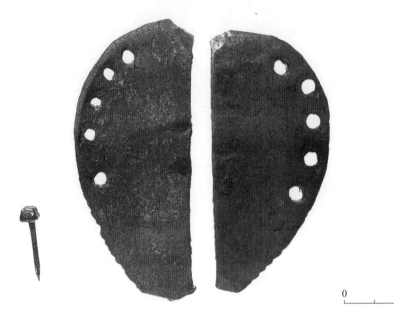

0 ⊢——⊣ 2厘米

图 88　来自土耳其布尔杜尔省的现代手工制作的蹄铁

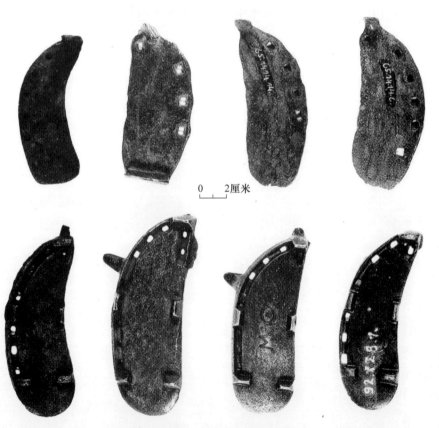

0 ⊢—⊣ 2厘米

图 89　匈牙利农业博物馆藏阉牛蹄铁

第一排：20 世纪手工制作的蹄铁（由 Gábor Szöllösi 博士提供）

第二排：工业化生产的蹄铁

8.2 技 术 说 明

与马不同，偶蹄动物的蹄由灵活的韧带系统（指／趾间韧带，ligamentum interdigitale decussatum; Nickel et al., 1054: 201）相连，使得动物在负重时第 3 指／趾和第 4 指／趾得以伸展（Ruthe, 1969: 185）。因此，只有在路况好的短途作业中，阉牛才可以装与马蹄铁一样的蹄铁，即一整块薄的铁片（Tormay, 1884: 197）。这种蹄铁在石子多、不平坦的道路上发挥的作用非常有限（Ruthe, 1969: 191）。将两个蹄子（第 3、第 4 指／趾端的蹄）长时间固定在一块蹄铁上，会降低蹄的灵活度，还可能造成比未装蹄更大的伤害。因此，在役用阉牛的第 3 指／趾和第 4 指／趾分别装蹄是最常见的做法，所有采自罗马尼亚的装蹄个体都是如此。

阉牛蹄铁的样式很多（Habacher, 1948: 204, Fig. 313），在采自罗马尼亚的役用阉牛中可见到其中两种基本样式。表 40 给出了采自罗马尼亚的阉牛蹄铁的具体特征和保存状态。牛的远指／趾节骨的角质层比马薄，因此，用于固定牛蹄铁的钉子更小、更平（Ruthe, 1969: 191）。在罗马尼亚样本中，大多数的蹄铁都是用 5 个钉子安装。这些钉子均匀地分布在蹄尖和蹄前侧的三分之二处，在蹄踵（球）处则没有钉子。

表 40　罗马尼亚役用阉牛（AMT 91.107）蹄铁情况

样本编号	指／趾骨	左／右侧	位置	类型	爪	脊	保存状况
M2	指骨	左	外侧	1	1	0	2
M2	指骨	左	内侧	1	1	0	2
M2	指骨	右	外侧	1	1	0	2
M2	指骨	右	内侧	1	1	0	2
M2	趾骨	左	外侧	1	1	1	4
M2	趾骨	左	内侧	1	1	0	2
M2	趾骨	右	外侧	1	1	1	4
M2	趾骨	右	内侧	1	1	1	3
M3	指骨	左	外侧	1	1	0	2
M3	指骨	左	内侧	1	1	0	2
M3	指骨	右	外侧	1	1	0	2
M3	指骨	右	内侧	1	1	0	2
M4	趾骨	左	外侧	1	1	0	2
M4	趾骨	左	内侧	1	1	1	4
M4	趾骨	右	外侧	1	1	0	2
M4	趾骨	右	内侧	1	1	1	4
M5	指骨	左	外侧	2	0	0	4

续表

样本编号	指/趾骨	左/右侧	位置	类型	爪	脊	保存状况
M5	指骨	左	内侧	2	0	0	4
M5	指骨	右	外侧	2	0	0	4
M5	指骨	右	内侧	2	0	0	4
M5	趾骨	左	外侧	2	0	0	4
M5	趾骨	左	内侧	2	0	0	4
M5	趾骨	右	外侧	2	0	0	4
M5	趾骨	右	内侧	2	0	0	4
M6	指骨	左	外侧	1	0	0	2
M6	指骨	左	内侧	—	—	—	1
M6	指骨	右	外侧	1	0	0	2
M6	指骨	右	内侧	—	—	—	1
M8	趾骨	左	外侧	1	1	0	3
M8	趾骨	左	内侧	1	1	0	3
M9	指骨	左	外侧	1	1	0	3
M9	指骨	左	内侧	1	1	0	3
M9	指骨	右	外侧	1	1	0	3
M9	指骨	右	内侧	1	1	0	3
M9	趾骨	左	外侧	1	1	0	3
M9	趾骨	左	内侧	1	1	0	3
M10	指骨	左	外侧	1	1	1	4
M10	指骨	左	内侧	2	0	0	4
M10	指骨	右	外侧	1	1	1	4
M10	指骨	右	内侧	2	0	0	4
M10	趾骨	左	外侧	1	1	1	4
M10	趾骨	左	内侧	—	—	—	1
M10	趾骨	右	外侧	1	1	1	4
M10	趾骨	右	内侧	2	0	0	4
M11	指骨	左	外侧	1	1	1	4
M11	指骨	左	内侧	2	0	0	4
M11	指骨	右	外侧	1	1	1	4
M11	指骨	右	内侧	2	0	0	4
M11	趾骨	左	外侧	2	0	0	4
M11	趾骨	左	内侧	1	1	1	4
M11	趾骨	右	外侧	—	—	—	1

样本编号	指/趾骨	左/右侧	位置	类型	爪	脊	保存状况
M11	趾骨	右	内侧	1	1	1	4
M13	指骨	左	外侧	3	0	0	4
M13	指骨	左	内侧	3	0	0	4
M13	指骨	右	外侧	3	0	0	4
M13	指骨	右	内侧	3	0	0	4
M13	趾骨	左	外侧	3	0	0	4
M13	趾骨	左	内侧	3	0	0	4
M13	趾骨	右	外侧	3	0	0	4
M13	趾骨	右	内侧	3	0	0	4
M14	指骨	左	外侧	3	0	0	4
M14	指骨	左	内侧	3	0	0	4
M14	指骨	右	外侧	3	0	0	4
M14	指骨	右	内侧	3	0	0	4
M14	趾骨	左	外侧	3	0	0	4
M14	趾骨	左	内侧	3	0	0	4
M14	趾骨	右	外侧	3	0	0	4
M14	趾骨	右	内侧	3	0	0	4
M22	指骨	右	外侧	1	1	0	3
M22	指骨	右	内侧	1	1	0	3
M23	指骨	右	外侧	—	—	—	1
M23	指骨	右	内侧	1	1	0	3
M25	趾骨	左	外侧	—	—	—	1
M25	趾骨	左	内侧	—	—	—	1

注：类型：1=有爪有脊的宽蹄铁；2=无爪和脊的宽蹄铁；3=有翼蹄铁。爪和脊：0=完全磨损；1=出现磨损。保存状况：1=蹄铁缺失，但牛蹄子上有钉子；2=蹄铁保存状况非常差；3=蹄铁保存状况较好；4=蹄铁保存状况非常好。

8.2.1　宽蹄铁

宽蹄铁类似于半个简单的马蹄铁，但尾端没有那么窄，它们由 4—5 毫米厚的铁板制成（Tormay, 1884: 196）。这种形式的蹄铁在罗马尼亚材料中较为多见（在 13 例装蹄个体中占 11 例）。其中几例个体（AMT 91.107.M2—M4、M8—M11、M22、M23）的蹄铁在头端有一个向下的"爪"，长 8—10 毫米，所处位置为两个蹄尖相遇的顶点（图 90）。还有几例个体（AMT 91.107.M2、M4、M10、M11）的蹄铁尾端向下弯曲，在蹄踵区域形成一道脊（图 91）。这些特点保证了蹄部良好的抓地力，有利于牵引使役。此外，脊的存在增加了蹄铁最容易磨损区域的厚度。当蹄铁磨损过于严重时，脊

图 90 　阉牛 AMT 91.107.M10 左前蹄上的宽蹄铁
前背侧观

图 91 　阉牛 AMT 91.107.M10 左前蹄上的宽蹄铁
远端观

就磨没了，因为在这个阶段，蹄铁会在靠近最尾端的钉子处断裂（AMT 91.107.M3、
M8、M9、M22、M23；图 92）。除了这种精致的宽蹄铁（类型 1），还有一种更简单的

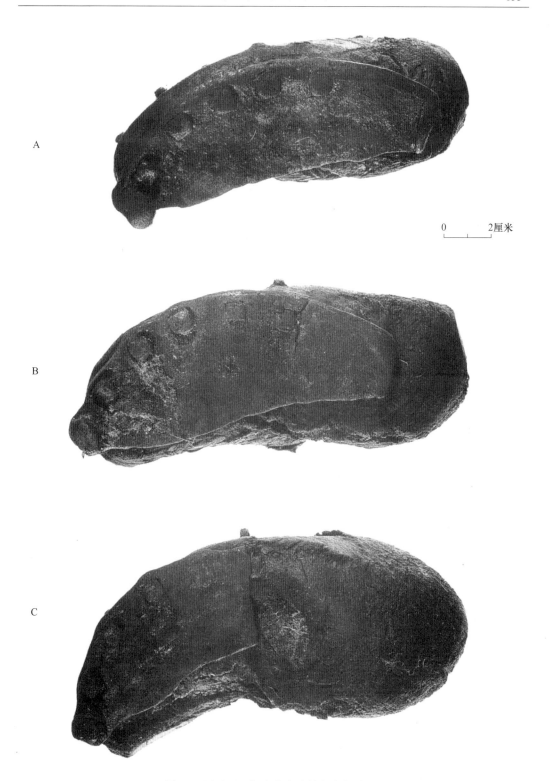

图 92　罗马尼亚阉牛的宽蹄铁的磨损阶段
A. 相对未磨损；B. 位于尾端钉子附近的断裂；C. 严重磨损和断裂

宽蹄铁（类型 2），只有一例来自罗马尼亚的个体（AMT 91.107.M5）在四蹄上都装有这种简单的宽蹄铁。这例个体的蹄铁保存状况良好，但没有爪或脊。在个体 AMT 91.107.M10 四肢的内侧蹄（该个体缺失一个蹄铁）及个体 AMT91.107.M11 的前肢和左后肢的内侧蹄（右后肢内侧蹄的蹄铁缺失）也发现了这种简单的宽蹄铁。

8.2.2　翼形蹄铁（Federklaueneisen）

蹄铁的另一种主要类型代表了一种更先进的形式。由于其易于工业化生产和具有高耐用性，似乎非常适合在欧洲大规模使用（Habacher, 1948: 205）。它由 4—6 毫米厚的铁板制成。在罗马尼亚样本中，只有两例个体装有这种蹄铁（AMT 91.107.M13, M14）。这种蹄铁的主体与动物蹄子的形状一致，覆盖整个蹄底（图 93）。有一个宽"翼"，厚 2—2.5 毫米，宽 10—20 毫米，位于蹄铁轴侧靠前端，在装蹄前这个"翼"向轴侧伸展 45—60 毫米。装蹄后，这个翼在指／趾间上弯，然后盘在蹄子上（图 94；Tormay, 1884: 196）。这种类型的蹄铁通常也是由 5 个钉子固定，沿着外缘从头端到三分之二处分布。虽然这种蹄铁的制造比其他蹄铁更复杂且需要更多的材料，但它的优点在于能对蹄和整个蹄底起到更好的保护作用，且装订更稳定。这些特性对于在山路上运输重物的役畜特别有利（Habacher, 1948: 207）。

0 　　　　 2厘米

图 93　阉牛 AMT 91.107.M14 左前蹄上的翼形蹄铁
远端观

0 2厘米

图 94 阉牛 AMT 91.107.M14 左前蹄的翼形蹄铁
前背侧观

8.3 磨 损

经常提到前肢相对于后肢承受了更大的压力，以往的装蹄趋向也表明了这一点。例如，在中世纪晚期，仅给用于犁地的阉牛和耙地的母牛的前肢装蹄（Seebohm, 1952: 178）。类似地，在 20 世纪上半叶的艾菲尔地区，也只给牛的前肢装蹄（Ferber, 1986）。大多数罗马尼亚阉牛不是四肢都装蹄，就是只有前肢装蹄。仅有一例个体（AMT 91.107.M4）只在后肢装蹄。根据 Habacher（1948: 206）的研究，前肢蹄铁的尺寸较大，重了 7%—20%。两例罗马尼亚个体的蹄铁（AMT91.107.M10, 780 千克；AMT91.107.M11, 850 千克）相对较新，保存状况较好，对它们的最大长度和宽度进行了测量（表 41）。由于蹄铁被钉在了蹄匣上，此次并没有称蹄铁的重量。仅在"类型1"的蹄铁（即精致的宽蹄铁）中观察到了前后蹄铁之间在宽度值上存在差异，长度值变化并不显著。

表 41 AMT 91.107.M10 和 M11 的蹄铁测量数据

样本编号	指／趾骨	左／右侧	位置	类型 1		类型 2	
				最大长度	最大宽度	最大长度	最大宽度
M10	指骨	左	外侧	127.9	59.0		
M10	指骨	左	内侧			124.1	55.2
M10	指骨	右	外侧	125.3	58.6		
M10	指骨	右	内侧			127.1	53.4
M10	趾骨	左	外侧	130.0	52.0		
M10	趾骨	左	内侧			缺失	缺失

续表

样本编号	指/趾骨	左/右侧	位置	类型 1		类型 2	
				最大长度	最大宽度	最大长度	最大宽度
M10	趾骨	右	外侧	122.1	51.3		
M10	趾骨	右	内侧			134.2	58.3
M11	指骨	左	外侧	128.2	59.7		
M11	指骨	左	内侧			132.0	56.1
M11	指骨	右	外侧	129.1	58.3		
M11	指骨	右	内侧			132.1	59.6
M11	趾骨	左	外侧			127.9	55.5
M11	趾骨	左	内侧	130.0	53.7		
M11	趾骨	右	外侧			缺失	缺失
M11	趾骨	右	内侧	128.5	51.3		

注：类型 1 为精致宽蹄铁，类型 2 为简单宽蹄铁。

在 20 世纪上半叶，艾菲尔地区为牛的前肢装蹄时，仅在外侧指/趾装蹄。其他指/趾是否需要装蹄，取决于动物在耕作或道路运输中的劳作强度（Ferber, 1986）。这凸显了外侧指/趾在移动时发挥的重要作用。Greenough 等人（1981: 136）指出，那些后肢对负荷敏感、后腿呈"外弧肢势（X 状肢势）"站立的动物，严重超载且后肢外侧趾负重的变化大。形态学分析，尤其是对称性的测量表明，位于内侧的第 3 掌/跖骨上的静态负重更大。然而，母牛的动态（行走）特征（Sato et al., 1988: 175）表明，外侧指/趾在平衡和打滑控制中起着重要作用。除样本 AMT 91.107.M6 之外，在采自罗马尼亚的样本中没有其他单独为外侧指/趾装蹄的牛。唯一明显的区别在于为外侧指/趾和内侧指/趾装的蹄铁类型不同。大多数个体（AMT 91.107.M2—M5、M8、M9、M13、M14、M22、M23、M25）每一条腿只装有一种类型的蹄铁，仅个体 AMT91.107.M10 和 M11 装有两种不同类型的宽蹄铁。总体来说，在这两例个体的外侧指/趾装有带爪和脊的精致宽蹄铁，而内侧指/趾装的是相对简单的宽蹄铁。这些观察结果证实了上述假设，即外侧指/趾在打滑控制中发挥了重要作用。但个体 AMT 91.107.M11 的后蹄铁在安排上与前面所提及的有所不同，其内侧指/趾都装有精致的宽蹄铁，其中一个外侧指/趾装有相对简单的宽蹄铁。在该个体的右后蹄上还观察到一个有趣的现象，外侧趾的蹄铁缺失，而内侧趾上随意地装了一个带爪和脊的精致宽蹄铁。这个蹄铁的方向与趾骨的长轴方向存在夹角。这条腿上的跖骨发生了螺旋形骨折。假定这个骨折是生前发生的，那么我们可以推测这是由于装蹄疏忽，使动物在负重前行时失衡而造成的。

在自然环境下，位于后端的"蹄踵"区域最容易出现磨损。根据《康普顿镇牛跛行调查》，在未装蹄的奶牛中，有 8.7% 的跛足是由蹄踵的过度磨损引发的（Russel et al., 1982: 158）。蹄铁必须与蹄子前缘的尺寸相匹配，但也必须超出它们的后缘 3—5 毫米（Ruthe, 1969: 190）。相比于装蹄钉的前端部分，蹄底的角质层在蹄后端处更薄。如果装的蹄铁过短，那么迟早会对蹄子造成严重的伤害（Habacher, 1948: 209, Fig. 318）。

可以在罗马尼亚样本的几例装有精致的宽蹄铁的个体（AMT 91.107.M2—M4、M6）中看到，役用阉牛在蹄踵区域的磨损相对严重。这些蹄铁磨损非常严重，甚至在最后端的蹄钉附近断裂，以至于这种类型的蹄铁所特有的脊都缺失了。

第9章 相关文化史

在这本书中我们讨论了与牵引使役相关的许多生物力学（形态测量以及技术分析）方面的内容，也一直在探讨自然过程和人工决策在各种骨骼变形中的相互作用。在这里对一些重要的经济和文化因素进行简要回顾，可能更有助于该研究成果的应用。

9.1 役用的传统形式

正如在掌/跖骨的骨测量中所讨论的，年轻公牛的阉割和屠宰年龄取决于对牛的利用策略。因此，阉割与牛群的性别比例、年龄结构、畜群功能、不同地理区域的专业化生产以及经济和文化背景都间接相关。就古代人类活动而言，对肉类或其他产品的选择可能会影响役用的结构或表现出来的测量特征。

在传统的牛的养殖业中，各品种各性别的牛从亚成年期开始就可能被用于牵引使役。事实上，在对役用和乳用需求都很高的发展中国家的城郊地区，只要食物充足，即使是现代的杂交奶牛也可以被充分地用于牵拉工作（Zerbini et al., 1994: 132）。遗憾的是，对动物考古学家来说，这种特殊的双重用途不太可能产生界限清晰的骨变形测量特征。

然而，对于在相对较大的年龄才被阉割的公牛，其利用形式比较单一，一般是终生用作役畜。在这种利用策略下，对其肉质不作要求。从极端的角度来说，让阉牛终生劳作可能更过分。在这种情况下，牛肉生产只作为一种尽量减少因不可避免地宰杀老龄或受伤动物而造成的损失的策略。若非限定专一用途（例如乳、肉、役兼用），这种牛的养殖特点为早期阉割、中度役用及细致育肥，继而在相对年轻的时候宰杀。假如专门为了生产牛肉，提高胴体品质，在选定种牛及预备役用阉牛后会对冗余的年幼公牛进行极早期的阉割。然而，这种饲养方式的牛不作役用，很可能无法在动物考古遗存中识别出来。

9.2 役用阉牛的相对价值

有记录显示，直到18世纪，在主要需求为役用的英格兰，人们还是偏好大型牛。当动物不能再工作时，人们就把它们养肥、宰杀以获取牛肉（Garner, 1944: 78），这种情况正如本研究中讨论的现代罗马尼亚专用于役用的阉牛的情况。

在等级社会，对农民而言，拥有阉牛成为衡量特定地位的标准。在中世纪的匈牙利，使用阉牛提供劳动是一种特殊的征税形式。即使在近代，McCann（1984：4）发现，在埃塞俄比亚，一种常用的交换比率为一天的阉牛队生产换取四或五天的人力劳动。在中世纪的英国，随着劳动服务开始被兑换成货币，越来越多的贸易活动让"货车或运货的动物成为切实的需求"（Langdon，1986：175）。然而，就这一个用途而言，马似乎比阉牛更适合。在中世纪的英国，动物的平均价格（公元1290—1315年见 Murphy and Galloway，1992：97；公元1348—1349年见 Langdon，1986：200）一致表明，阉牛是家畜中最有价值的。它们的价格是母牛的2—3倍，这可能与它们更高的肉用价值和更强的工作能力有很大关系。阉牛和马之间的价格差异较小，平均来说，马的价格是役用阉牛价格的80%，这可能是由于马没有实际的肉用价值。虽然大约在14世纪，伦敦地区可能确实高度重视牛在肉用方面的价值（Murphy and Galloway，1992：98，Fig. 6），但牛的牵拉力以及劳作耐受力是决定其市场价值高的首要因素（Garner，1944：78）。

在19世纪，密西西比河以东的货物运输主要是由四匹或六匹马组成的马队完成，其中以重型的科内斯托加马为主。然而，在西部地区，几乎没有道路且环境恶劣，阉牛得到更广泛的使用。根据圣达菲1858年的贸易记录（Wallace，1966：145），在登记的18500头驮畜中，78%是役用阉牛，20%是骡子，而马只占2%。与此同时，显然更不可或缺的阉牛的平均价格为每头37.5美元，而每匹马或骡子为100美元。

9.3　对役牛的态度

当我们研究跛足母牛的数量与奶牛场牛群规模的关系时（原始数据来自 B·Kovács，1977：49-50, Tab. 2），获得了 r=0.572 的正相关系数。这表明，当大量的牛集中在一起并经常被拴系时，个体护理明显较差，而役牛的情况绝非如此。匈牙利的民族语言记录中也反映了其对役用阉牛的欣赏，这一点从 O. Nagy 出于本研究的目的对与牛有关的谚语所做的分析中可以看出。O. Nagy（1976：526-527）发现，在提到牛的谚语中，50%指的是阉牛，其次是奶牛和公牛。133个谚语按内容可分为五类（图95），这一统计结果表明，在这三类牛中，阉牛在匈牙利的口述传统中不仅被提及的次数最多，而且也最受欢迎。在匈牙利，役牛驾驶指引中精炼的地区

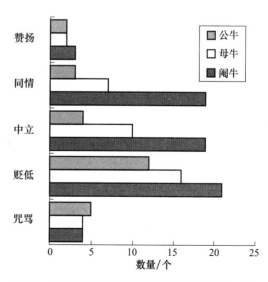

图95　按对牛的态度对匈牙利民间传说中关于牛的谚语进行分类

词汇（Balogh and Király, 1976: 171-174）以及针对频繁装蹄提供操作便利的实际需求（Ruthe, 1969）都表明比起其他平常的牛，人们与阉牛的关系更密切。

在爱沙尼亚和立陶宛，对阉牛的训练通常在三岁时开始，而在芬兰这个起始年龄为 1.5—2 岁（Viires, 1973: 441）。密切的日常互动会使阉牛和它的驯牛者之间形成牢靠的纽带关系（Columella Ⅵ. 2.7; Dobie, 1951: 246）。例如，在坦桑尼亚，农家的役用阉牛在年老时甚至不会被宰杀，因为它已经被视为家庭中的一分子（Mgaya et al., 1994: 140）。除了无可争议的经济效用之外，这种跨文化的特殊情况往往赋予役用阉牛很大的主观价值。

9.4　参考资料的经济和历史效应偏差

Mennerich（1968: 15）注意到，在波斯尼亚 19 世纪 60 年代初采集的现代参考样本的年龄结构可能存在偏差。在他收集材料时，许多农业企业已经越来越多地开始使用机械，这导致役牛的价值迅速下降，牛肉的价格成了衡量其价值的唯一标准，因此一些弗莱维赫阉牛的屠宰年龄早于往常。如果 Nagyváthy（1821—1822）关于阉割和育肥时间的数据（见下文）不可用，那么在 19 世纪 60 年代初匈牙利农业机械化程度很高的背景下采集的匈牙利灰牛掌 / 跖骨将不得不考虑类似的年龄偏差。然而，即使在 19 世纪，匈牙利灰牛阉牛的屠宰时间也早于现代罗马尼亚役用阉牛。另一方面，它们的育肥时间更长（10—14 周），理想的胴体重是 700 千克（Nagyváthy, 1821-1822: 133）。

本研究中许多采自罗马尼亚的役用阉牛不仅年龄很大，而且据相关人士所言，它们在被宰杀前两个月才开始从事较轻的劳役，没有特定的育肥期。在需要育肥的时间里它们会获得更好的饲料，以获得更大的活重和肉量占比。

9.5　动物考古方面的考虑

选择性的考古采集可能会导致对牛的役用程度的评估失真。然而，差别处理方式也会带来这个问题，尤其是在经济效率更高的非自给自足的经济中。除非动物用作肉食，否则用于负重的动物不一定会成为厨余垃圾（Wing, 1989: 78）。如果动物死在野外或道路上，它们的初始屠宰地点可能在遗址外，那么必须要考虑一定程度的骨骼损失。虽然基督教在许多欧洲国家兴起后，人们在不同程度上遵守了不吃马肉的禁忌（Matolcsi, 1982: 125; Langdon, 1986: 261），但一些即使是专门用作役畜的阉牛最终肯定会出现在餐桌上。根据死亡原因和年龄，肉质较差的老阉牛可能流入贫困家庭甚至垃圾场。在 14 世纪的意大利，役用阉牛硬实的肉只供社会较低阶层的拥有十分强壮的胃的人享用（De Crescenzi, 1805）。

匈牙利灰牛在 19 世纪成为提供优良役用阉牛的品种（Bodo, 1990: 74），它提供了另一种可能性。根据 19 世纪初的传统（Nagyváthy, 1821−1822: 132−135），匈牙利灰牛通常在 10 岁前就被宰杀，此时它们的牛肉质量仍相当好。

在考古出土的通常的动物骨骼组合中（手工采集的几千个可鉴定的碎片样本），仅用骨学标准可能不足以识别牵引使役。本文讨论的大多数现象都与这种利用形式有着随机的关系。因此，这些现象在罗马尼亚样本中的高发生率，让我们能够认识到简单化解释中所隐含的危险。另外，由非常丰富的动物考古材料提供的证据，以及在许多较小的动物遗存中一致获得的证据，大概获得了与这些现代役用阉牛的骨骼形态观察非常一致的趋势。对掌 / 跖骨的测量评估从不同角度揭示了问题的复杂性。高度专业化的役用阉牛骨骼比预期的要粗壮，这一事实反映出年龄结构在动物考古研究中的重要性。相对较高比例的"公牛"可能表明样本中存在役用动物。此外，高龄和创伤性疾病的记录，以及亚病理变形如掌 / 跖骨不对称性的增加，可能至少间接指向牵引使役。研究表明，许多因素影响牛的劳动能力。忽视对补充的原始资料开展广泛的多学科研究，将是一个研究者在评估牵引使役时承担不起的错误。

第 10 章 结 论

几千年来，牛的牵引使役在耕作和运输的发展中一直具有重大的经济和文化历史意义。因此，在考古材料中识别役畜骨骼的能力对重建经济历史具有重要价值。

对罗马尼亚现代役用阉牛进行足部骨骼评估的基础研究，揭示了其在骨骼特征分布以及掌/跖骨和指/趾骨的大小与形状上的根本差异。通过研究已知年龄、性别和劳役时长的动物个体的相连的多个骨骼部位，我们对骨骼变形的特征有了一定了解，这有助于我们在考古发掘过程中识别出可能指示役用的单个骨骼部位。因此，这项实证研究切实地为动物考古发现提供了新的视角。

A. 骨骼变形的性质和程度

毫无疑问，骨骼在外观上能够反映出牵引使役的情况。必须将"正常"功能性肥大和病理现象（关节病）之间系列连续的骨骼特征从创伤性损伤中区分开。后者在四肢上的分布相对不均匀，且并不直接与役用相关，但役用确实会增加创伤概率。

B. 个体之间的差异

骨骼变形是包括研究样本的年龄、性别和表现型这一系列复杂现象的结果。虽然从方法学的角度来看，这三个变量需要分开研究，但实际上，它们不仅相互之间存在关联，且还与役用的具体影响相互作用。因此，每个个体的骨骼都是这些因素共同作用的结果。

母牛掌/跖骨纤细且相对小，被鉴别出来的可能性较大，但公牛和阉牛在骨骼尺寸上有相当大的重叠。除了环境影响（包括役畜的劳作负荷）外，掌/跖骨和指/趾骨的形状也取决于阉割和屠宰时动物个体的年龄。

罗马尼亚役用阉牛年龄大、阉割晚，导致骨骼"缺少延伸"，这是一种被普遍认同的用于鉴定阉割的骨骼形态标准。同时，异常大的骨骼横向测量值是负载增加的直接结果。

C. 阉牛足部病变特征的解剖学位置

在我们的研究样本中，骨骼变形的发生率和程度在近端、远端、内侧及外侧各位置都有所不同。骨赘及其他功能性肥大的迹象多发于远端区域，这一观察结果与非役用牛的兽医记录相一致。由此得出结论，动物的年龄、活重和广义上的饲养（包括牵引使役）都对这些病变起作用。趾节内肿的例子最能说明这一点，它并不完全与动物的役用相关。

位于内侧的第 3 掌 / 跖骨在役畜身上承担了更大的负荷。同时，外侧指 / 趾（第 4 指 / 趾）的发育也同样较强，这可能是由于它们在保持平衡和向前运动中发挥了重要的作用。然而，这些特征也受到与年龄相关的活重增加的影响。

因此，从概率的角度来看，在识别考古出土的单部位骨骼遗存中的牵引利用时，那些往往较少发生形态变形（如变形出现在四肢的近端或受牵引影响较小的后肢）的骨头具有相对较大的解释价值。

D. 结构变形

随着役用强度的增加，掌 / 跖骨远端矿物质含量的内外侧不对称性似乎也在增加（Bartosiewicz et al., 1993）。此外，现有研究表明，掌 / 跖骨的生物力学负荷也反映在骨骼的微观结构中。在实验样本中次级骨单位的分布区域与本研究样本中役畜的相一致。在阉牛掌 / 跖骨的掌 / 跖侧，次级骨单位的出现似乎与微裂缝的修复有关。在年轻公牛掌 / 跖骨的掌 / 跖侧没有发现次级骨单位，在母牛中也非常罕见。看起来哈弗氏系统和 / 或次级骨单位的出现和分布很可能与动物开发利用有关。然而，仍需要更大的样本量，研究个体性别、年龄和活重的影响，以进一步证实这一假设。

E. 参考文献的系统偏差

我们的研究能够说明，为什么运用 Matolcsi（1970）给出的掌 / 跖骨系数估计肩高会比基于其他长骨进行计算得出的数值更高（Prummel, 1982; Bartosiewicz, 1987b: 47）。来自匈牙利农业博物馆的研究样本的年龄结构受到现代化养殖的影响，大多数公牛在相对小的年龄（2 岁）就被育肥和宰杀，而母牛和阉牛都或多或少地被终生投入役用。另一个需要注意的地方是，在将结果应用于动物考古材料时，必须始终谨慎地考虑现代参考样本的年龄、性别和品种（Van Wijngaarden-Bakker and Bergström, 1987: 71）。

F. 动物考古学解释

我们观察到的模式，大多与史前和早期历史时期对牛的役用直接相关，但在应用现代数据对各个考古遗址出土遗存进行形态特征的类比时必须谨慎。

从商业屠宰场获得的有记录的已知开发利用形式的现代骨骼样本，可以提供一个解释框架。因此，在研究不同环境下不同年龄、性别以及表现型的样本时，可以反映出人类决策的影响。出土骨骼遗存上的形态变形可推测与这些特征相关，或最终与役用相关。因此，在动物考古文献中引用的许多例子确实可以认为是役用的迹象。然而，只有当它们大量出现在出土的样本量大的动物骨骼遗存中时，才可以对它们进行有把握的解释。

　　文献中引用的现代阉牛的阉割年龄存在差异（Calkin, 1962; Fock, 1966; Mennerich, 1968），让情况变得复杂。阉割不一定会使阉牛骨骼变得细长。如果将罗马尼亚样本直接作为反映古代饲养和开发利用的材料进行类比，那么许多出土的"公牛"的掌 / 跖骨可能会被自动归类为役用阉牛的骨骼。

参 考 文 献

ALEXANDER, R. MCN. 1985. Body support, scaling and allometry. In:Hildebrand, M., Bramble, D. M., Liem, K. F. and Wake, D. B. (eds.), *Functional vertebrate morphology*. The Belknap Press of Harvard University Press, Cambridge, Massachusetts-London, England: 27-37.

ALMÁSSY, K. 1896. *Id. gróf Almássy Kálmán sarkadi törzsgulyájának ismertetése (The description of the Sarkad stud herd owned by Count Kálmán Almássy)*. Private publication, Sarkad.

ALUR, K. R. 1975. Faunal studies and their connotation. In:Clason A. T. (ed.), *Archaeozoological studies*. North Holland Publishing Company, Amsterdam: 407-412.

AMTMANN, E. and SCHMITT, H.P. 1968. Über die Verteilung der Corticalisdichte im menschlichen Femurschaft und ihre Bedeutung für die Bestimmung der Knochenfestigkeit. *Zeitschrift für Anatomische Entwicklungsgeschichte* 127: 25-41.

ANGRESS, S. H. and REED, C. 1962. An annotated bibliography of the origin and descent of domestic animals. *Fieldiana Anthropology* 54, Chicago Natural History Museum, Chicago.

AREY, L. B. 1965. *Developmental anatomy*. W. B. Saunders Company, Philadelphia-London.

ARMOUR-CHELOU, M. and CLUTTON-BROCK, J. 1985. Notes on the evidence for the use of cattle as draught animals at Etton. In: Pryor, F., French, C. and Taylor, M.(eds.), An interim report on excavations at Etton, Maxey, Cambridgeshire, 1982-1984. *The Antiquaries Journal* 65: 297-302.

ATCHLEY, W. R., GASKINS, C. T. and ANDERSON, D. 1976. Statistical properties of ratios I. Empirical results. *Systematic Zoology* 25: 137-148.

ATKINSON, P. J. and WOODHEAD, C. 1973. The development of osteoporosis. A hypothesis based on a study of human bone structure. *Clinical orthopaedics and related research* 90: 217-228.

BAILDON, W. P., LISTER, J. and WALKER, J. W. 1901. Court rolls of the manor at Wakefield, 1274-1331. *Yorkshire Archaeological Society Record Series* 29: 100-144.

BAKER, J. and BROTHWELL, D. 1980. *Animal diseases in archaeology*. Academic

Press, London.

BALASSA, I. 1981. A munkaeszközök kutatásának ikonográfiai forrásai (Ikonografische Quellen der Arbeitsgerätforschung). *Magyar Mezögazdasági Múzeum Közleményei* 1978–1980: 3–18.

BALOGH, L. and KIRÁLY, L. 1976. *Az állathangutánzóigék, hivogatók és terelök somogyi nyelvatlasza (A linguistic atlas of animal sound-imitating verbs, calling and herding terms in Somogy county)*. Akadémiai Kiadó, Budapest.

BANNER, J. 1956. *Die Péceler Kultur*. Archaeologia Hungarica, Budapest.

BARNEVELD, A. 1985. Die Arthrodese der distalen Tarsalgelenke. *9. Arbeitstagung der Fachgruppe "Pferdekrankheiten", Münster/Westfalen, 29. Mai bis 1. Juni 1985*: 209–219.

BARNEVELD, A. 1990. Spat bij het paard. *Tijdschrift voor Diergeneeskunde* 115: 1162–1167.

BARTHEL, H. J. 1985. Tierreste aus einer "Grabenlage" der neolitischen Bernburger Kultur. *Weimarer Monographien zur Ur- und Frühgeschichte* 13: 59–85.

BARTOSIEWICZ, L. 1985. Interrelationships in the formation of cattle long bones. *Zoologischer Anzeiger* 215: 253–262.

BARTOSIEWICZ, L. 1986a. Skeletal development in Ruminants: further data on sexual dimorphism in elk(*Alces alces*). *Acta Veterinaria Hungarica* 34: 159–168.

BARTOSIEWICZ, L. 1986b. Multivariate methods in archaeozoology. *Acta Archaeologica Academiae Scientiarum Hungaricae* 38: 279–294.

BARTOSIEWICZ, L. 1987a. Bone morphometry and function: a comparison between cattle and European elk. *Acta Veterinaria Hungarica* 35: 437–448.

BARTOSIEWICZ, L. 1987b. Cattle metapodials revisited: a brief review. *Archaeozoologia* 1: 47–51.

BARTOSIEWICZ, L. 1987c. Metacarpal measurements and carcass weight of moose in central Sweden. *Journal of Wildlife Management* 51: 356–357.

BARTOSIEWICZ, L. 1988. Biometrics at an Early Medieval butchering site in Hungary. In: Slater, E. A. and Tate, J. O. (eds.), Science and Archaeology Glasgow 1987. *BAR British Series* 196: 361–367.

BARTOSIEWICZ, L. 1989. Bone formation and body composition of European elk: an ontogenetic model. *Acta Veterinaria Hungarica* 37: 55–68.

BARTOSIEWICZ, L. 1990. Újkőkori és rézkori szarvasmarhák termetének és ivarának becslése többváltozós módszerekkel (Estimating stature and sex in Neolithic and Copper Age cattle using multivariate methods). *Agrártörténeti Szemle* 33: 1–21.

BARTOSIEWICZ, L. 1993a. A magyar szürke marha históriája(The history of the

Hungarian Grey cattle). *Természet Világa* 124: 54−57.

BARTOSIEWICZ, L. 1993b. Beast of burden from a classical road station in Bulgaria. In: Buitenhuis, H. and Clason, A. T.(eds.), *Archaeozoology of the Near East*. Proceedings of the first international symposium on the archaeozoology of southwestern Asia and adjacent areas. Universal Book Services/Dr. W. Backhuys, Leiden: 105−109.

BARTOSIEWICZ, L., GERE, T. and GYÖRKÖS, I. 1987. Relative growth in cattle: a multivariate approach. *Zoologischer Anzeiger* 219: 159−166.

BARTOSIEWICZ, L., VAN NEER, W. and LENTACKER, A. 1993. Metapodial asymmetry in draft cattle. *International Journal of Osteoarchaeology* 3: 69−75.

BARTOSIEWICZ, L., DEMEURE, R., MOTTET, I., VAN NEER, W. and LENTACKER, A.(in press). Magnetic resonance imaging in the study of spavin in recent and subfossil cattle. *Anthropozoologica*.

BATTHA, P. 1935.*A magyar fajta szarvasmarha tenyésztésének felkarolása(Supporting the breeding of Hungarian cattle)*. Pátria Kiadó, Budapest.

BEGOVATOV, E. A. and PETRENKO, A. G. 1988. K istorii khoziaistvennoy zhizni naselenia domongolskovo u zolotoordinskovo periodov Bolschskoy Bulgarii, In: Bolschckaia Bulgaria i Mongolskoe Nashestvie. *Akademia Nauk SSSR, Kazanski Filial, Kazan*: 103−114.

BENECKE, N. 1988. Die Geschlechtsbestimmung von Metapodien vom Hausrind(*Bos primigenius* f. taurus L.) aus frühmittelalterlichen Siedlungen Mecklenburgs. *Zoologischer Anzeiger* 220: 255−276.

BENECKE, N. 1994. *Der Mensch und seine Haustiere. Die Geschichte einer jahrtausendalten Beziehung*. Theiss Verlag, Stuttgart.

BERANOVÁ, M. 1987. Zur Frage des Systems der Landwirtschaft im Neolithikum und Äneolithikum in Mitteleuropa. *Archeologické rozhledy* 39: 141−198.

BERG, R. T. and BUTTERFIELD, R. M. 1976. *New concepts of cattle growth*. Sydney University Press, Sydney.

BERGSTRÖM, P. L. and WIJNGAARDEN-BAKKER, L. H. VAN 1983. De metapodia als voorspellers van formaat en gewicht bij runderen. *IVO-Rapport* B 206: 3−46.

BIRKELAND, R. and FJELDAAS, T. 1984. Lidelser distalt på eksremiteterne hos kuen patoanatomisk undersökelse (Diseases of the bovine digits, a pathoanatomical investigation). *Nordisk Veterinarmedicin* 36: 146−155.

BISHOP, C. W. 1937. *Origin and diffusion of the traction plough*. American Report, Smithsonian Institution, Washington D. C.

B. KOVÁCS, A. 1977. *A csülök ápolása és betegségei (Claw care and diseases)*. Mezőgazdasági Kiadó, Budapest.

BLUMENFELD, H. 1909. *Über den Spat der Rinder*. Diss. Leipzig.

BODÓ, I. 1973. Zucht und Haltung der uralten ungarischen Steppenrassen auf der Steppe von Hortobágy. In: Matolcsi, J.(ed.), *Domestikationsforschung und Geschichte der Haustiere*. Akadémiai Kiadó, Budapest: 355−363.

BODÓ, I. 1985. Husfajták(Beef Breeds). In: Dohy, J. (ed.), *Húsmarhatenyésztés(Beef cattle breeding)*. Mezőgazdasági Kiadó, Budapest: 72−129.

BODÓ, I. 1987. *Das ungarische graue Steppenrind*. Hortobágyi Nemzeti Park, Debrecen.

BODÓ, I. 1990. The maintenance of Hungarian breeds of farm animals threatened by extinction. In: Alderson, L.(ed.), *Genetic conservation of domestic livestock*. C. A. B. International, Wallingford: 73−84.

BOESSNECK, J. 1956. Ein Beitrag zur Errechnung der Widerristhöhe nach Metapodienmasse bei Rindern. *Zeitschrift für Tierzüchtung und Züchtungsbiologie* 68: 75−90.

BÖKÖNYI, S. 1974. *History of domestic mammals in Central and Eastern Europe*. Akadémiai Kiadó, Budapest.

BÖKÖNYI, S. 1982. Animals, draft. In: Strayer, J. R. (ed.), *Dictionary of the Middle Ages*, Vol. 1. Charles Schribner' s Sons, New York: 293−302.

BÖKÖNYI, S. 1992. Jagd und Tierzucht. In: Meier-Arendt, W.(ed.), *Bronzezeit in Ungarn. Forschungen in Tell-Siedlungen an Donau und Theiss*. Katalog, Stadt Frankfurt am Main: 69−72.

BÖKÖNYI, S. 1994. Über die Entwicklung der Sekundärnutzung. In:Kokabi, M. and Wahl, J.(eds.), *Beiträge zur Archäozoologie und Prähistorischen Anthropologie*. Konrad Theiss Verlag, Stuttgart: 21−28.

BÖKÖNYI, S., KÁLLAI, L., MATOLCSI, J. and TAR-JÁN, R. 1965. Vergleichende Untersuchungen dervorderen Mittelfussknochen des Ures und des Hausrindes. *Zeitschrift für Tierzüchtung und Züchtungsbiologie* 81: 230−247.

BÖKÖNYI, S. and BARTOSIEWICZ, L. 1983. Testing the utility of quantitative methods in sex determination of hen (*Gallus domesticus* L.)bones. *Zoologischer Anzeiger* 219: 204−212.

BÖKÖNYI, S. and BARTOSIEWICZ, L. 1987. Domestication and variation. *Archaeozoologia* 1: 161−170.

BONFIELD, W. and CLARK, E. A. 1973. Elastic deformation of compact bone. *Journal of Materials Science* 8: 1590−1594.

BOUCHUD, J. 1971. La structure cristalline des os dans les espèces sauvages et les formes domestiques.*L'Anthropologie* 75: 269−272.

BOUVIER, M. and HYLANDER, W. L. 1981. Effect of bone strain on cortical bone structure in macaques（*Macaca mulatta*). *Journal of Morphology* 167: 1−12.

BROOKER, M. J. 1986. *Computed tomography for radiographers*. MTP Press, Lancaster.

BROTHWELL, D. 1981. Disease as an environmental parameter. In:Jones, M. and Dimbleby, G. (eds.), The environment of man: The Iron Age to the Anglo-Saxon Period. *BAR British Series* 87: 231−247.

BROTHWELL, D., DOBNEY, K. and ERVYNCK, A. 1996. On the causes of perforations in archaeological domestic cattle skulls. *International Journal of Osteoarchaeology* 6: 471−487.

BRUMMEL, Gy. 1900. *A honfoglaló magyarok állattenyésztése (Animal breeding of the conquering Hungarians)*. Erdélyi Gazda.

BRUNI, A. Z. and ZIMMERL, U. 1951. *Anatomia degli animali domestici* 1. Casa Editrice Dottor Francesco Vallardi, Milano.

BURFORD, A. 1960. *Heavy transport in Classical Antiquity*. The Economic History Review 2nd ser. 13.

CALKIN, V. I. 1956. *Materiali dla istorii skotovodstva i ochoty v drevnei Russii* (Materials to the history of animal husbandry and hunting in ancient Russia). Materiali i Isledovania po Archeologii SSSR, 5/51: 1−183.

CALKIN, V. I. 1960. Izmenchivost metapodii i eo znachenie dla izuchenia krupnogo rogatogo skota（Metapodalia variation and its significance for the study of ancient horned cattle). *Biulletin Moskovskogo Obshchestva Ispitatelei Prirodi, Otdelek biologii* 65: 109−126.

CALKIN, V. I. 1962. *K istorii zhivotnovodstva i okhoty v Vostochnoi Evrope*. Materiali i Isledovania po Archeologii SSSR 107.

CALLOW, E. H. 1945.*The food value, quality and grading of meat with special reference to beef*. British Society of Animal Production Reports 41.

CAZEMIER, C. H. 1965. De betekenis van de hoogteen enkele andere maten voor de vleesproductiegeschiktheid bij rundvee. *Veeteelt-en Zuivelberichten* 8: 254−261.

CHAPLIN, R. E. 1971. *The study of animal bones from archaeological sites*. Seminar Press, London-New York.

CLUTTON-BROCK, J. 1979. The mammalian remains from the Jericho Tell. *Proceedings of the Prehistoric Society* 45: 135−157.

CLUTTON-BROCK, J. 1987. *A natural history of domesticated mammals*. Camnbridge University Press, Cambridge.

COCK, A. G. 1966. Genetical aspects of metrical growth and form in animals. *Quarterly Review of Biology* 41: 131–190.

COLUMELLA. *De re rustica*. 12 Bücher über Landwirtschaft. Edited and translated by W. Richter. 3 volumes. Artemis, München 1981–1983.

COULON, R. F. 1962. Essai de pathologie comparée desaffections "rhumatismales", Note préliminaire-Mammifères. *Bulletin de la Société Royale de Zoologie d'Anvers* 25: 1–38.

COSTIOU, P., PIERRE, N. and DOUART, C. 1988. Etude morphométrique de l'os canon de vaches de trois races bovines françaises. *Revue de Médicine Vétérinaire* 139: 941–951.

CRIBB, R. 1984. Computer simulation of herding systems as an interpretive and heuristic device in the study of kill-off strategies. In: Clutton-Brock, J. and Grigson, C. (eds.), Animals and archaeology 3. Early herders and their flocks. *BAR International Series* 202: 161–170.

CURREY, J. 1984. *The mechanical adaptations of bones*. Princeton University Press, Princeton.

DAHME, E. and WEISS, E. 1978. *Grundriss der speziellen pathologischen Anatomie der Haustiere*. 2. Auflage. Enke, Stuttgart.

DÄMMRICH, K., SEIBEL, S., HUTH, F. W. and ANDREAE, U. 1976. Adaptationskrankheiten des Bewegungsapparates bei 12, 15 und 18 Monate alten und unterschiedlich gefütterten Mastbullen. 1. Morphologie, Lokalisation und Vorkommen der Arthropathia deformans. *Berliner und Münchner Tierärztliche Wochenschrift* 89: 84–88.

DÄMMRICH, K., SEIBEL, S. and ANDREAE, U. 1977. Zur Bedeutung der Gelenkflächengrösse und-struktur für die Pathogenese der Arthropathia deformans bei 12, 15 und 18 Monate alten unterschiedlich intensiv gefütterten Mastbullen, *Deutsche Tierärztliche Wochenschrift* 84: 82–85.

DAVIS, S. J. M. 1987. *The archaeology of animals*. B. T. Batsford Ltd., London.

DAVIS, S. J. M. 1992. A rapid method for recording information about mammal bones from archaeological sites. *Ancient Monuments Laboratory Report* 19/92, Historic Buildings and Monuments Commission for England.

DE BLUË, V. 1985. *Landaus-Landab*. Edition Erpf, Bern-München.

DE CRESCENZI, P. 1805. *Trattato della agricultura (Liber ruralium commodorum)*, Milano.

DEGERBØL, M. and FREDSKILD, B. 1970. The urus (*Bos primigenius* Bojanus) and neolithic domesticated cattle (*Bos taurus domesticus* Linné) in Danmark. *Det Kongelige Danske Videnskabernes Selskab. Biologiske Skrifter*, 17.

DEVAS, M. 1975. *Stress fractures*. Churchill Livingstone, Edinburgh.

DISTL, O., KRAUSSLICH, H., MAIR, A., SPIELMANN, C. and DIEBSCHLAG, W. 1990. Computergestützte Analyse von Druckverteilungsmessungen an Rinderklauen. *Deutsche Tierärztliche Wochenschrift* 97: 474−479.

DIXON, W. J.(ed.), 1981. *BMDP Statistical Software*. University of California Press, Berkeley- Los Angeles.

DOBIE, J. F. 1951. *The Longhorns*. Bramhall House, New York.

DÖGEI, I. 1977. A hízottbikák vágóértékének objektiv értékelési lehetősége(A possibility for the objective grading of fattened bulls). *Scientific Student Club Research Papers* 1977, University of Agricultural Sciences, Gödöllő.

DREW, I. M., PERKINS, D. and DALY, P. 1971. Prehistoric domestication of animals: effects on bone structure. *Science* 171: 280−282.

DRIESCH, A. VON DEN. 1975. Die Bewertung pathologisch-anatomischer Veränderungen an vorund frühgeschichtlichen Tierknochen. In: Clason. A. T.(ed.), *Archaeozoological stedies*. North Holland Publishing Company, Amsterdam: 413−425.

DRIESCH, A. VON DEN. 1976. A guide to the measurement of animal bones from archaeological sites. *Peabody Museum Bulletin* 1, Harvard University.

DRIESCH, A. VON DEN. 1989. *Geschichte der Tiermedizin*. 5000 *Jahre Tierheilkunde*. Callwey, München.

DRIESCH, A. VON DEN and BOESSNECK, J. 1976. Zur Grösse des Ures, *Bos primigenius* Bojanus, 1827, auf der Iberischen Halbinsel. *Säugetierkundliche Mitteilungen* 24: 66−77.

DÜRST, J. U. 1926. Vergleichende Untersuchungsmethoden am Skelett bei Säugern. In: Abderhalden, E.(ed.), *Handbuch der biologischen Arbeitsmethoden*. Schwarzenberg, Berlin-Wien: 125−530.

DUNKA, B. 1987. *Der Hausbüffel*. Hortobágyi Nemzeti Park, Debrecen.

DÜRR, G. 1961. Neue Funde des Rindes aus dem keltischen Oppidium von Manching. *Studien an vor-und frühgeschichtlichen Tierresten Bayerns* 12. Verlag Kiefhaber Kiefhaber & Elbl, München.

DUTOUR, O. 1986. Enthesopathies (lesions of muscular insertions) as indicators of the activities of Neolithic Saharan populations. *American Journal of Physical Anthropology* 71: 221−224.

EKKENGA, U. 1984. *Tierknochenfunde von der Heuneburg einem frühkeltischen Herrensitz bei Hundersingen an der Donau (Grabungen 1966−1979). Die Rinder*. Diss. Institut für Palaeoanatomie, Domestikationsforschung und Geschichte der Tiermedizin der Universität München, München.

EMPEL, W. 1981. *Állatorvosi röntgendiagnosztika (Veterinary X-ray diagnosis)*. Mezőgazdasági Kiadó, Budapest.

ENLOW, D. H. and BROWN, S. O. 1956. A comparative histological study of fossil and recent bone tissues. Part I. *Texas Journal of Science* 8: 405−443.

ENLOW, D. H. and BROWN, S. O. 1958. A comparative histological study of fossil and recent bone tissues. Part Ⅲ. *Texas Journal of Science* 10: 187−230.

FÁBIÁN, Gy. 1967. *Phaenoanalysis and quantitative inheritance*. Akadémiai Kiadó, Budapest.

FEDDERSEN, D. and HEINRICH, D. 1977. Anomalien und Pathologien an Haustierknochen aus einer Frühmittelalterlichen Siedlung und denen Bewertung in Hinblick auf die Tierhaltung. *Zeitschrift für Tierzüchtung und Züchtungsbiologie* 94: 161−170.

FEHÉR, Gy. 1980. *A háziállatok funkcionális anatómiája(The functional anatomy of domestic animals)*. Mezőgazdasági Kiadó, Budapest.

FERBER, F. J. 1986. Zu schwach um aufzustehen. In: Sielmann, B.(ed.), *Dünnbeinig mit krummen Horn. Die Geschichte der Eifeler Kuh oder der lange Weg zum Butterberg.* Arbeitskreis Eifeler Museen, Warlich Druck, Meckenheim: 85−114.

FERDIÈRE, A. 1988. *Les campagnes en Gaule Romaine. Tome 2. Les techniques et les productions rurales en Gaule (52 av. J. C.-486 ap. J. C.)*. Collection des Hesperides, Errance, Paris.

FIELD, R. A., YOUNG, O. A., ASHER, G. W. and FOOTE, O. M. 1985. Characteristics of fallow deer muscle at a time of sex-related muscle growth. *Growth* 49: 190−201.

FIGDOR, H. 1927. Über den Einfluss der Kastration auf das Knochen-Wachstum des Hausrindes. *Zeitschrift für Tierzüchtung und Züchtungsbiologie* 9: 101−112.

FLEIG, J. and HERTSCH, B. 1992. Zur Differenzierung von Huf-und Krongelenkschale beim Pferd unter besonderer Berücksichtigung der röntgenologischen Untersuchung. *Pferdeheilkunde* 8: 63−76.

FOCK, J. 1966. *Metrische Untersuchungen an Metapodien einiger europäischer Rinderrassen.* Diss. Institut für Palaeoanatomie, Domestikationsforschung und Geschichte der Tiermedizin der Universität München, München.

FÖRSTER, W. 1974. *Tierknochenfunde aus der neolitischen Station von Feldmeilen-Vorderfeld am Zürichsee/Schweiz, Ⅱ. Die Wiederkäuer.* Diss. Institut für Palaeoanatomie, Domestikationsforschung und Geschichte der Tiermedizin der Universität München, München.

FOSCHINI, S. 1986. Lesioni digitali dei bovini in alpeggio (Diseases of the feet of cattle at alpine pasture). *Obiettivi e Documentari Veterinari* 7/9: 35−39.

FRANCILLON-VIEILLOT, H., BUFFRÉNIL, V. DE, CASTANET, J., GÉRAUDIE, J., MEUNIER, F. J., SIRE, J. Y., ZYLBERBERG, L. and RICQLÈS, A. DE. 1990. Microstructure and mineralization of vertebrate skeletal tissues. In: Carter, J. G. (ed.), *Skeletal biomineralization: patterns, processes and evolutionary trends*. Volume I. Van Nostrand Reinhold, New York: 471–530.

FRANE, J. W. 1981. Description and estimation of missing data. In: Dixon, W. J. (ed.), *BMDP Statistical Software*. University of California Press, Berkeley-Los Angeles: 217–234.

FRANE, J. W., JENNRICH, R. and SAMPSON, P. 1981. Factor analysis. In: Dixon, W. J. (ed.), *BMDP Statistical Software*. University of California Press. Berkeley-Los Angeles: 480–499.

FRENCH, M. H., JOHANSSON, I., JOSHI. N. R. and MCLAUGHLIN, E. A. 1967. *Les Bovins d'Europe II*. Organisation des Nations Unies pour l'Alimentation et l'Agriculture, Rome.

FREY, S. 1991. Bad Wimpfen I. *Osteologische Untersuchungen an Schlacht-und Siedlungsabfällen aus dem römischen Vicus von Bad Wimpfen*. Lan-desdenkmalamt Baden-Württemberg, Konrad Theiss Verlag, Stuttgart.

FURSEY, G. A. J. 1975. A note on the density of bovine limb bones. *Animal Production* 21: 195–198.

FUSSELL, G. E. 1968. Eke és szántás 1800 előtt (Pflug und Pflügen vor 1800). *Agrártörténeti Szemle* 10: 343–354.

GAÁL, L. 1966.*A magyar állattenyésztés multja (The past of Hungarian animal breeding)*. Akadémiai Kiadó, Budapest.

GANDERT, O. F. 1966. Zur Frage der Rinderanschirrung im Neolithikum. *Jahrbuch des Römisch-Germanischen Zentralmuseums Mainz* 11: 34–56.

GARNER, F. H. 1944. *The cattle of Britain*. Longmans, Green &Co., London.

GAUTIER, A. and RUBBERECHTS, V. 1976. Animal remains of the Senecaberg fortification (Grimbergen, Belgium, 12th century). *Bulletin des Musées Royaux d'Art et d'Histoire* 48: 49–84.

GERRARD, D. E., JONES, S. J., ALBERLE, E. D., LEMENAGER, R. P., DIKEMAN, M. A. and JUDGE, M. D. 1987. Collagen stability, testosterone secretion and meat tenderness in growing bulls and steers. *Journal of Animal Science* 65: 1236–1242.

GHETIE, B. and MATEESCO, C. N. 1971. Utilisation des bovins à la traction dans la phase plus récente de la civilisation Vadastra. *Actes du VIIIe Congrès International des Sciences Préhistoriques et Protohistoriques*, 21–27 août 1966, Tome 2. Prague: 1310–1313.

GHETIE, B. and MATEESCO, C. N. 1973. L'utilisation des bovins à la traction dans le Néolithique Moyen (d'après les nouvelles observations ostéologiques faites dans les sites de Vadastra et de Crusovu, Roumanie). *Actes du VIIIe Congrès International des Sciences Préhistoriques et Protohistoriques*, 9－15 septembre 1971, Beograd: 454－461.

GREENOUGH, P. R., MACCALLUM, F. J. and WEAVER A. D. 1981. *Lameness in cattle*. Wright & Sons Ltd., Bristol.

GRIGSON, C. 1982. Sex and age determination of some bones and teeth of domestic cattle:a review of the literature. In: Wilson, B., Grigson, C. and Payne, S.(eds.), Ageing and sexing animal bones from archaeological sites. *BAR British Series* 109: 7－23.

GROSS, E., JACOMET, S. and SCHIBLER, J. 1990. Stand und Ziele der Wirtschaftarchäologischen Forschung an neolitischen Ufer-und Inselsiedlungen im unteren Zürichseeraum (Kt. Zürich, Schweiz). In: Schibler, J., Sedlmeier, J. and Spycher, H.（eds.), *Festschrift für Hans R. Stampfli. Beiträge zur Archäozoologie, Archäologie, Anthropologie, Geologie und Paläontologie.* Helbing & Lichtenhahn, Basel: 77－100.

GÜNTHER, J. J., BUSHMAN, D. H., POPE, L. S. and MORRISON, R. D. 1965. Growth and development of the major carcass tissues in beef calves from weaning to slaughter weight with reference to the effect of plane of nutrition. *Journal of Animal Science* 24: 1184－1191.

GÜNTHER, K. 1990. Neolitische Bildzeichen an einem ehemaligen Megalithgrab bei Warburg, KreisHöxter (Westfalen). *Germania* 68: 39－65.

GUILBERT, H. R. and GREGORY, P. W. 1952. Some features of growth and development in Hereford cattle. *Journal of Animal Science* 11: 3－16.

HABACHER, F. 1948. *Der Huf-und Klauenbeschlag.*Urban & Schwarzenberg, Wien.

HABERMEHL, K. H. 1961. *Altersbestimmung bei Haustieren, Pelztieren und beim jagdbaren Wildtieren.* Paul Parey. Berlin-Hamburg.

HAMMOND, J. 1932. *Growth and development of mutton qualities in sheep.* Oliver & Boyd, Edinburgh.

HAMMOND, J. 1962. Some changes in the form of sheep and pigs under domestication. *Zeitschriftfür Tierzüichtung und Züichtungsbiologie* 77: 156－158.

HAMMOND, J., JOHANSSON, J. and HARING, F. 1961.*Handbuch der Tierzüichtung. Rassenkunde* 3. Verlag Paul Parey, Hamburg-Berlin.

HAMMOND, J., JR., MASON, I. L. and ROBINSON, T. J. 1978. *Hammond's farm animals*. Edward Arnold Ltd., London.

HANKÓ, B. 1936. *A magyar szarvasmarha eredete*(*The origins of Hungarian cattle*). Tisia, Debrecen: 45－65.

HARCOURT, R. A. 1971. The palaeopathology of animal skeletal remains. *The*

Veterinary Record 89: 267-272.

HARING, F. 1955. Vererbung wichtiger Milchbestandteile. *Züchtungskunde* 27: 270.

HÄUSLER, A. 1985. Kulturbeziehungen zwischen Ostund Mitteleuropa im Neolithikum? *Jahresschrift für Mitteldeutsche Vorgeschichte* 68: 21-74.

HEGEDŰS, S. 1891. *A gulyabeli szarvasmarhatenyésztés előnyeiés hátrányai (The advantages and disadvantages of large herd cattle keeping)*. Georgikon, Keszthely.

HEŘT, J., PŘYBYLOVA, E. and LIšKOvÁ, M. 1972. Microstructure of compact bone of rabbit tibia after intermittent loading. *Acta anatomica* 82: 218-230.

HESSE, B. and WAPNISH, P. 1985. Animal bone archaeology. From objectives to analysis. *Manuals in Archaeology* 5, Taraxacum, Washington.

HEYDEN, H. and DIETZ, O. 1991. Untersuchungen zur Zehenbelastung und Hornabreibregulation beim Rind. *Monatshefte für Veterinärmedizin* 46: 165-167.

HIGHAM, C. F. W. 1969. The metrical attributes of two samples of modern bovine bones. *Journal of Zoology* 157: 63-74.

HIGHAM, C. F. W., KIJNGAM, A., MANLY, B. F. J. and MoORE, S. J. E. 1981. The bovid third phalanx and prehistoric ploughing. *Journal of Archaeological Science* 8: 353-365.

HILDEBRAND, M. 1982. *Analysis of vertebrate structure*. John Wiley & Sons, New York.

HOLMBERG, T. 1982. Frekvens av spatt hos mjölkkor i intensiv djurhallning (Frequency of spavin in dairy cows under intensive conditions). *Proceedings of the 14th Nordic Veterinary Congress, 6-9 July 1982, Copenhagen*: 85-86.

HOLMBERG, T. and REILAND, S. 1984. The influence of age, breed, rearing intensity and exercise on the incidence of spavin in Swedish dairy cattle. A clinical and morphological investigation. *Acta Veterinaria Scandinavica* 25: 113-127.

HORWITZ, L. K. 1989. A reassessment of caprovine domestication in the Levantine Neolithic: old questions, new answers. In:Hershkovitz, I.(ed.), People and culture in change. Proceedings of the Second Symposium on Upper Palaeolithic, Mesolithic and Neolithic Populations of Europe and the Mediterranean Basin. *BAR International Series* 508(i): 153-181.

HORWITZ, L. K. and SMITH, P. 1990. A radiographic study of the extent of variation in cortical bone thickness in Soay sheep. *Journal of Archaeological Science* 17: 655-664.

HORWITZ, L. K. and SMITH, P. 1991. A study of diachronic change in bone mass of sheep and goats from Jericho(Tel-Es Sultan). *Archaeozoologia* 4: 29-38.

HOUGHTON, P. 1980. *The first New Zealanders*. Hodder & Soughton, Auckland.

HOWARD, M. M. 1963. The metrical determination of the metapodials and skulls of cattle. In: Mourant, A. E. and Zeuner, F. E. (eds.), Man and Cattle. *Royal Anthropological Institute, Occasional Paper* 18: 91−100.

HUGHES, H. V. and DRANSFIELD, J. W. (eds.), 1953. *McFaydean's osteology and arthrology of the domesticated animals*. Baillière, Tindall and Cox, London.

HUNTINGFORD, G. W. B. 1934. Prehistoric ox-yoking. *Antiquity* 7: 454−462.

HUSSAIN, M. D., SARKER, M. R. I. and QUASEM, M. A. 1987. An analysis of factors affecting harnessing of draft power available from cattle. *Bangladesh Veterinary Journal* 21: 81−89.

HÜSTER, H. 1990. Untersuchungen an Skelettresten von Rindern, Schafen, Ziegen und Schweinen aus dem mittelalterlichen Schleswig. Ausgrabung Schild 1971−1975. *Ausgrabungen in Schleswig. Berichte und Studien* 8. Karl Wachholtz Verlag, Neumünster.

HUXLEY, J. 1932. *Problems of relative growth*. Methuen, London.

INNES, J. R. 1959. "Inherited dysplasia" of the hip joint in dogs and rabbits. *Laboratory Investigations* 8: 1170−1177.

JANKOVICH, M. 1967. Adatok a magyar szarvasmarha eredetének és hasznosításának kérdéséhez (The origin and utilization of Hungarian cattle). *Agrártörténeti Szemle* 3−4: 420−431.

JENNRICH, R. and SAMPSON, P. 1981. Discriminant analysis. In: Dixon, W. J. (ed.), *BMDP Statistical Software*. University of California Press, Berkeley-Los Angeles: 519−537.

JOHANSSON, F. 1982. Untersuchungen an Skelettresten von Rindern aus Haithabu (Ausgrabung 1966−1969). *Berichte über die Ausgrabungen in Haithabu* 17, Karl Wachholtz Verlag, Neumünster.

JORDAN, C. 1852. *Praktisches Handbuch der Rindviehzucht, oder vollständige Anleitung zur Zucht, Pflege und Nutzung des Rindes*. Dorpat.

KAK, A. C. and SLANEY, M. 1988. *Principles of computerized tomographic imaging*. IEEE Press, New York.

KALICZ, N. 1976. Novaya nakhodka modeli povozki epokhi eneolita iz okrestnostej Budapeshta. *Sovetskaya Arkheologiya* 2: 106−117.

KENNEDY, K. A. R. 1989. Skeletal markers of occupational stress. In:Iscan, M. Y. and Kennedy, K. A. R. (eds.), *Reconstruction of life from the skeleton*. Alan R. Liss Inc., New York: 129−160.

KHARCHENKO, L. G. 1987. *Morfologiya organov dvizheniya sel'skohozyaistvennikh zhivotnikh (Morphology of the locomotory organs of farm animals)*. Sbornik Nauchnykh Trudov, Moskovskaya Veterinarnaya Akademiya, Moscow.

KIDWELL, J. F. and McCoRMICK, J. A. 1956. The influence of size and type on growth and development of cattle. *Journal of Animal Science* 15: 109−118.

KLUMPP, G. 1967. *Die Tierknochenfunde aus der mittelalterlichen Burgruine Niederrealta, Gemeinde Cazis/Graubunden.* Diss. Institut für Palaeoanatomie, Domestikationsforschung und Geschichte der Tiermedizin der Universität München, München.

KOKABI, M. 1982. *Arae Flaviae II. Viehhaltung und Jagd im römischen Rottweil.* Landesdenkmalamt Baden-Württemberg, Konrad Theiss Verlag, Stuttgart.

KOLDA, J. 1936. *Srovnávací anatomie zvírat domácích.* Brno.

KRATOCHVIL, Z., CERVENY, C., STINGLOV, H. and LUKS, J. 1988. Determining age of Medieval cattle by X-ray-examination of metapodia. *Pamtky Archeologické* 79: 456−466.

KREUTZER, L. A. 1992. Bison and deer bone mineral densities: comparisons and implications for the interpretation of archaeological faunas. *Journal of Archaeological Science* 19: 271−294.

KRYNITZ, W. 1911. *Kritische Betrachtungen über den Wert der Hippometrie bei der Beurteilung der Leistungsfähigkeit der Gebrauchspferde.* Diss. Bern.

KSH, 1979. *Mezőgazdasági adattár (Agricultural records).* Központi Statisztikai Hivatal, Budapest.

LAI, P. and LOVELL, N. C. 1992. Skeletal markers for occupational stress in the fur trade: a case study from a Hudson's Bay Company fur trade post. *International Journal of Osteoarchaeology* 2: 221−234.

LANE, W. A. 1887. The causation of several variations and congenital abnormalities in the human skeleton. *Journal of Anatomy and Physiology* 21: 586−610.

LANGDON, J. 1984. Horse hauling: a revolution in vehicle transport in twelfth and thirteenth-century England? *Past and Present* 103: 49.

LANGDON, J. 1986. *Horses, oxen and technological innovation.* Cambridge University Press, Cambridge.

LANYON, L. E. 1981. Locomotor loading and functional adaptation in limb bones. In:Day, M. H.(ed.), *Vertebrate Locomotion. Symposia of the Zoological Society of London 48.* Academic Press, London: 305−329.

LANYON, L. E. and RUBIN, C. T. 1985. Functional adaptation in skeletal structures. In:Hildebrand, M., Bramble, D. M., Liem, K. F. and Wake, D. B.(eds.), *Functional vertebrate morphology.* The Belknap Press of Harvard University Press, Cambridge Massachusetts-London, England: 1−25.

LASOTA, A. and KossAKOWSKI, A. 1972. Microscopic structure of the bone during ontogenesis of the European bison. *Acta Theriologica* 17: 119−134.

LASOTA-MOSKALEWSKA, A. 1979. Microscopic structure of bones of *Bos* Linnaeus in evolution. In: Kubasiewicz, M.(ed.), *Archaeozoology*. Agricultural Academy, Szczecin: 375–386.

LASOTA-MOSKALEWSKA, A. and KOBRYN, H. 1989. Description of intermediate forms in the evolution of *Bos primigenius* f. taurus on the basis of osteometric characteristics. *Acta Theriologica* 34: 625–642.

LEFEBVRE DES NOËTTES, R. 1931. *L'attelage du cheval de selle à travers les âges. Contribution à l'histoire de l'esclavage.* Editions A. Picard, Paris.

LEGGE, A. J. and ROWLEY-CONWY, P. A. 1991. "Art made strong with bones": A review of some approaches to osteoarchaeology. *International Journal of Osteoarchaeology* 1: 3–15.

LEIGHTON, A. C. 1972. *Transport and communication in Early Medieval Europe AD 500–1100.* Newton Abbot.

LESBRE, M. F. X. 1897. Contribution à l'étude de l'ossification du squelette de mammifères domestiques. *Annales de la Societé d' Agriculture, Science et Industrie de Lyon* 5: 1–106.

LESSERTISSEUR, J. and SABAN, R. 1967. Généralités sur le squelette. In: Grasse, P. P.(ed.), *Traité de zoologie. Anatomie, systématique, biologie.* Tome 16/1. Ed. Masson, Paris: 334–1123.

LEVINE, M. A. 1986. The vertebrate fauna from Meare East 1982. In: Coles, J. M. (ed.), *Somerset Levels Papers* 12: 63–78.

LINDEMANS, P. 1952. *Geschiedenis van de landbouw in België* I. 2nd Edition, Antwerpen.

LOPEZ, R. S. and RAYMOND, J. W. 1955. *Medieval trade in the Mediterranean world.* Illustrative documents, London.

LŐRINCZ, F. and LENCSEPETI, J. 1973. *Húsipari kézikönyv.* Mezőgazdasági Kiadó, Budapest.

LYMAN, R. L. 1984. Bone density and differential survivorship of fossil classes. *Journal of Anthropological Archaeology* 3: 259–299.

MAGYAR, K. 1988.*A középkori Segesd város és megye története, régészeti kutatása (The history and archaeological research of Medieval Segesd town and county).* Somogyi Almanach 45–49, Kaposvár.

MAGYARI, A. 1941. A podóliai szürkemarha "alföldi-magyar" fajtájának testnagysága (Die Körpergrösse der Varietät "ungarisches Steppenvieh" der podolischen Grauviehsorte). *Mezőgazdasági Kutatások* 14: 233–258.

MAIR, A., DIEBSCHLAG, W., DISTL, O. and KRAUSSLICH, H. 1988. Measuring device for the analysis of pressure distribution on the foot soles of cattle. *Journal of Veterinary Medicine* 35: 696−704.

MAKKAI, L. 1988. Hungary in the Middle Ages. In: Hanák, P.(ed.), *One thousand years. A concise history of Hungary*. Corvina, Budapest.

MÁLYUSZ, E. 1958. *Zsigmondkori oklevéltár II (Zsigmond Period Archives)*. Akadémiai Kiadó, Budapest.

MATEESCU, C. N. 1975. Remarks on cattle breeding and agriculture in the Middle and Late Neolithic on the Lower Danube. *Dacia* 19: 13−18.

MATOLCSI, J. 1970. Historische Erforschung der Körpergrösse des Rindes auf Grund vonungarischem Knochenmaterial. *Zeitschrift für Tierzüchtung und Züchtungsbiologie* 63: 89−137.

MATOLCSI, J. 1982. *Állattartás őseink korában(Animal keeping in the time of our ancestors)*. Gondolat, Budapest.

MAYR, E., LINSLEY, E. G. and USINGER, R. L. 1953. *Methods and principles of systematic zoology*. McGraw-Hill Book Co. Inc., New York-Toronto.

MCCANN, J. 1984. *Plows, oxen and household managers: a reconsideration of the land paradigm and the production equation in Northeast Ethiopia*. African Studies Center, Boston University Working Paper 95, Boston Massachusetts.

MENNERICH, G. 1968. *Römerzeitliche Tierknochen aus drei Fundorten des Niederrheingebietes*. Diss. Institut für Palaeoanatomie, Domestikationsforschung und Geschichte der Tiermedizin der Universität München, München.

MERRIT, J. B. AND MURRAY, R. D. 1991. A genetic component of footshape and associated foot lameness in dairy cattle. In: Owen, J. B. and Axford, R. F. E. (eds.), *Breeding for disease resistance in farm animals*. Wallingford, UK: 482.

MGAYA, G. J. M., SIMALENGA, T. E. and HATIBU, N. 1994. Care and management of work oxen in Tanzania: initial survey results. In: Starkey, P., Mwenya, E. and Stares, J.(eds.), *Improving animal traction technology*. Proceedings of the first workshop of the Animal Traction Network for Eastern and Southern Africa (ATNESA), 18−23 January 1992, Lusaka: 139−143.

MILISAUSKAS, S. and KRUK, J. 1982. Die Wagendarstellung auf dem Trichterbecher aus Bronocice in Polen. *Archäologisches Korrespondenzblàtt* 12: 141−144.

MILISAUSKAS, S. and KRUK, J. 1991. Utilization of cattle for traction during the later Neolithic in Southeastern Poland. *Antiquity* 65: 562−566.

MONARDES, H. G., CUE, R. I. and HAYES, J. F. 1990. Parameters of culling in

Quebec Holstein cows. *Brief Communications of the XXⅢ International Dairy Congress, Montreal*. Vol. 1. International Dairy Federation, Brussels.

MOODIE, R. L. 1923. *The antiquity of disease*. The University of Chicago Press, Chicago.

MORALES, A. 1988. Identificación e identificabilidad: cuestiones básicas de metodología zooarqueológica. *Espacio, Tiempo y Forma*, Serie I, Prehistoria I: 455−470.

MÜLLER, H. H. 1992. Archaeozoological research on vertebrates in Central Europe with special reference to the medieval period. *International Journal of Osteoarchaeology* 2: 311−324.

MURPHY, M. and GALLOWAY, J. A. 1992. Marketing animals and animal products in London's hinterland circa 1300. *Anthropozoologica* 16: 93−100.

MURRAY, P. D. F. 1936. *Bones:a study of the development and structure of the vertebrate skeleton*. Cambridge University Press, Cambridge.

NAAKTGEBOREN, C. 1984. *Mens en huisdier*. Thieme, Zuthpen.

NAGYVÁTHY, J. N. 1821−1822. *Magyar practicus tenyésztető(Hungarian practical breeder)*. Private publication János Petrózai Trattner, Pest.

NEHER, G. and TIETZ, W. Jr. 1959. Observations on the clinical signs and gross pathology of degenerative joint disease in aged bull. *Laboratory Investigation* 8: 1218−1222.

NEMEJCOVÁ-PAVÚKOVÁ, V. 1973. Zur Ursprung und Chronologie der Boleráz-Gruppe. In: Chropovsky, B.(ed.), *Symposium über die Entstehung und Chronologie der Badener Kultur*. Slowakische Akademie der Wissenschaften: 297−316.

NEUSTUPNÝ, E. F. 1967. K počátkům patriarchátu ve středni Evropě. *Rozpravy* ČSAV 77(2). Praha.

NICHOLSON, R. A. 1992. An assessment of the value of bone density measurements to archaeoichthyological studies. *International Journal of Osteoarchaeology* 2: 139−154.

NICKEL, R., SCHUMMER, A. and SEIFERLE, E. 1954. *Lehrbuch der Anatomie der Haustiere I. Bewegungsapparat*. Paul Parey, Berlin-Hamburg.

NICOLOTTI, M. and GUÉRIN, C. 1992. Le zébu(Bos indicus) dans l'Egypte ancienne. *Archaeozoologia* 5: 87−108.

NIEBERLE, K. and COHRS, P. 1970. *Lehrbuch der speziellen pathologische Anatomie der Haustiere*. Part 2,5th edition, Stuttgart.

NIGAM, J. M. and SINGH, A. P. 1980. Radiographic interpretation: radiography of bovine foot disorders. *Modern Veterinary Practice* 61: 621−624.

NINOV, L. K. 1984. Die Haus- und Wildtiere aus der mittelalterlichen befestigten Siedlung bei Huma, Bezirk Razgrad(in Bulgarian), *Razkopi i prouchvania* 17: 173−189.

NOBIS, G. 1954. Ur- und frühgeschichtlicher Rinder Nord-und Mitteldeutschlands. *Zeitschrift für Tierzüchtung und Züchtungsbiologie* 63: 155−194.

O. NAGY, G. 1976. *Magyar szólások és közmondások (Hungarian idioms and proverbs)*. 2nd edition. Gondolat, Budapest.

PAAVER, K. L. 1972. Ob osteonnoi organizacii kostnoi tkani tura (*Bos primigenius* Boj.) i krupnogo ragatogo skota(Osteon organization of bony tissue in the aurochs (*Bos primigenius* Boj.) and horned cattle). *Osnovnie Problemi Terologii* 48: 126−134.

PAAVER, K. L. 1973. *Izmechnivost osteonnoi organizacii mlekopitaiushchich (Variability of osteon organization in mammals)*. Valgus, Tallin.

PÁLSSON, H. 1955. Conformation and body composition. In: Hammond, J.(ed.), *Progress in the physiology of farm animals*. Butterworth Scientific Publications, London: 430−542.

PÁLSSON, H. and VERGÉS, J. B. 1952. Effects of the plane of nutrition and the development of carcass quality in lambs. *Journal of Agricultural Science* 42: 1−49.

PARAIN, C. 1966. Roman and medieval agriculture in the Mediterranean area. In: Postan, M. M. (ed.), *The agrarian life of the Middle Ages*. The Cambridge economic history of Europe I. Cambridge: 126−179.

PERINI, R. 1983. Der frühbronzezeitliche Pflug von Lavagnone. *Archäologisches Korrespondenzblatt* 13: 187−193.

PERKINS, A. 1975. *The ox, the horse and English farming, 1750−1850*. Working paper in economic history, University of New South Wales.

PEŠKE, L. 1985. Osteologické nálezy kultury zvoncovitých pohárů z Holubic a poznámky k zápíahu skotu v eneolitu(Bone finds of Bell Beaker culture from the site of Holubice and notes on the harnessing of cattle in the Aeneolithic). *Archeologické rozhledy* 37: 428−440.

PFANNHAUSER, R. 1980. *Tierknochenfunde aus der spätrömischen Anlage auf der Burg Sponeck bei Jechtingen, Kreis Emmendingen*. Diss. Ludwig-Maximilians Universität, München.

PLUMIER, J. 1993. L'archéologie urbaine à Namur: fouilles de prévention 1990−1992. *Actes de la Première Journée d'Archéologie Namuroise* 1: 5−10.

PLUMIER, J. 1997. Activité archéologique de la Direction des Fouilles en province de Namur, en 1996. *Actes de la Cinquième Journée d'Archéologie Namuroise* 5: 3−9.

PREUSCHOFT, H. 1989. The external forces and internal stresses in the feet of dressage and jumping horses. *Zeitschrift für Säugetierkunde* 54: 172−190.

PRUMMEL, W. 1982. Withers height for cattle:metapodials give higher values than other long bones. *Communications of the IVth International Conference of ICAZ, London.*

PUSEY, P. 1840. Experimental inquiry on draught in ploughing. *Journal of the Royal Agricultural Society of England* 1: 224−226.

RAINEY, J. W. 1955. Post-parturient rupture of the round ligament(ligamentum teres) of the hip in cows. *Australian Veterinary Journal* 31: 107−109.

RAMAEKERS, J. G. M. 1977. The dynamic shear modulus of bone in dependence of the form. *Acta Morphologica Neerlando-Scandinavica* 15: 185−201.

RAUH, H. 1981. *Knochenfunde von Säugertieren aus dem Demircihüyük (Nordwestanatolien).* Diss. Institut für Palaeoanatomie, Domestikationsforschung und Geschichte der Tiermedizin der Universität München, München.

REINHARDT, C. H. 1895. *Untersuchungen über den Einfluss der Lastenverteilung auf vierrädigen Wagen.* Diss. Leipzig.

REITZ, E. J. and CORDIER, O. 1983. Use of allometry in zooarchaeological analysis. In: Clutton-Brock, J. and Grigson, C.(eds.), Animals and Archaeology 2. Shell middens, Fishes and Birds. *BAR International Series* 183: 237−252.

REITZ, E., QUITMYER, I. R., HALE, H. S., SCUDDER, S. I. and WING, E. S. 1987. Application of allometry to zooarchaeology. *American Antiquity* 52: 304−317.

RICHARDSON, H. G. 1942. The Medieval plough team. *History* 26: 288−289.

ROGERS, J., WALDRON, T., DIEPPE, P. and WATT, I. 1987. Arthropathies in palaeopathology: the basis of classification according to most probable cause. *Journal of Archaeological Science* 14: 179−193.

ROSENBERGER, G. 1970. *Rinderkrankheiten.* Verlag Paul Parey, Berlin-Hamburg.

ROTSCHILD, B. M. and MARTIN, L. D. 1993. *Paleopathology. Disease in the fossil record.*CRC Press, Boca Raton-Ann Arbor-London-Tokyo.

RUISZ, GY. 1895. *A mezőhegyesi magyar-erdélyi szarvasmarhatenyésztés(Hungarian-Transylvanian cattle breeding in Mezőhegyes).* Manuscript, Mezőhegyes.

RUSSEL, A. M. and SHAW, S. R. 1978. The Compton lameness survey 1977: a preliminary report. *Animal Disease Report* 2: 5−8.

RUSSEL, A. M., RoWLANDS, G. J., SHAW, S. R. and WEAVER, A. D. 1982. Survey of lameness in British dairy cattle. *Veterinary Record* 111: 155−160.

RUTHE, H. 1969. Der *Huf.* 2nd ed. Gustav Fischer Verlag, Jena.

RYDER, M. L. 1970. The animal remains from Petergate, York. *Yorkshire Archaeological Journal* 42: 418−428.

SALAZAR, I., RODRIGUEZ, J. I. and CIFUENTES, J. M. 1984. Spavin: a proposed term for a non-fracture associated canine hock lesion. *Veterinary Record* 114: 541−543.

SALONEN, A. 1968. *Agricultura Mesopotamica nach sumerisch-akkadischen Quellen.* Helsinki.

SAMBRAUS, H. H. 1989. *Atlas van huisdierrassen.* Uitgeverij Terra, Zuthpen.

SATO, Y., TSUTSUI, Y., SHISHIDO, H., YAMAGISHI, N. and FURUKAWA, R. 1988. Kinetic analysis on walking behaviour of cows. Livestock environment Ⅲ. *Proceedings of the 3rd international livestock environment symposium, Toronto, Canada, 25-27 April 1988*: 171−188.

SCHMID, E. 1972. *Tierknochenatlas.* Elsevier Publishing Co., Amsterdam-London-New York.

SCHULTZE, H. P. and CLOUTIER, R. 1991. Computed tomography and magnetic resonance imaging studies of *Latimeria chalumnae*. In: Musick, J. A., Bruton, M. N. and Balon, E. K. (eds.), *The biology of Latimeria chalumnae and evolution of coelacanths.* Kluwer Academic Publishers, Dordrecht-Boston-London: 159−181.

SCHWARZ, C. A. 1979. Variations in Balkan Neolithic cattle. In: Kubasiewicz, M.(ed.), *Archaeozoology*, Agricultural Academy, Szczecin: 423−427.

SCHWARZ, W. 1989. *Tierknochenfunde aus dem Gelände einer Herberge in der Colonia Ulpia Traiana bei Xanten am Niederrhein. Die Wiederkäuer.* Diss. Institut für Palaeoanatomie, Domestikationsforschung und Geschichte der Tiermedizin der Universität München, München.

SEEBOHM, M. E. 1952. *The evolution of the English farm.* George Allen &Unwin Ltd., London.

SHERRATT, A. 1981. Plough and pastoralism:aspects of the secondary product revolution. In:Hodder, I., Isaac, G. and Hammond, N.(eds.), *Pattern of the past: studies in honour of David Clarke.* Cambridge University Press, Cambridge: 261−305.

SHERRATT, A. 1987. Wool, wheels and ploughmarks: Local developments or outside introductions in Neolithic Europe? *University of London, Institute of Archaeology Bulletin* 23: 1−15.

SHIPMAN, P. 1981. *Life history of a fossil: an introduction to taphonomy and paleoecology.* Harvard University Press, Cambridge Massachusetts.

SIEGEL, J. 1976. Animal paleopathology: possibilities and problems. *Journal of Archaeological Science*3: 349−384.

SIELMANN, B. 1986, *Dünnbeinig mit krummen Horn. Die Geschichte der Eifeler Kuh oder der lange Weg zum Butterberg.* Arbeitskreis Eifeler Museen. Warlich Druck, Meckenheim.

SIGAUT, F. 1983. Un tableau des produits animaux et deux hypothèses qui en découlent.

Nouvelles de l'Archéologie 11: 45−50.

SILBERSIEPE, E., BERGE, E. and MÜLLER, H. 1965. *Lehrbuch der speziellen Chirurgie für Tierärzteund Studlierende*. Stuttgart.

SILVER, I. A. 1965. The ageing of domestic animals. In: Brothwell, D. R. and Higgs, E. (eds.), *Science inarchaeology, a survey of progress and research*. Thames and Hudson, Bristol: 250−268.

SISSONS, H. A. 1971. The growth of bone. In: Bourne, G. H. (ed.), *The biochemistry and physiology of bone III. Development and growth*. Academic Press, New York-London: 145−175.

SOKOLOFF, L. 1963. The biology of degenerative joint disease. *Perspectives in Biology and Medicine* 7: 94−106.

SOMERS, K. M. 1986. Multivariate allometry and removal of size with principal components analysis. *Systematic Zoology* 35: 359−368.

SPETH, J. D. 1983. *Bison kills and bone counts: decision making by ancient hunters*. University of Chicago Press, Chicago-London.

SPÖTTEL, W. 1938. Die Verbreitungen, Leistungen und Eigenschnaften anatolischer Haustiere in Abhängigkeit von Verschiedenen Faktoren.*Kühn-Archiv* 49: 79−157.

STAMPFLI, H. R. 1963. Wisent, *Bison bonasus* (Linné1758), Ur, *Bos primigenius* (Bojanus 1827), und Hausrind, *Bos taurus* (Linné 1758). In: Boessneck, J., Jéquier, J. P. and Stampfli, H. R. (eds.), Seeberg Burgäschisee-Süd. Die Tierreste. *Acta Bernensia* 2: 117−196.

STAMPFLI, H. R. 1976. *Osteoarchäologische Untersuchung des Tierknochenfunde der spätneolitischen Ufersiedlung Auvernier la Saunerie*. Private publication H. R. Stampfli, Solothurn.

STARKEY, P. 1991. Draught cattle world resources, systems of utilization and potential for improvement. In: Hickmann, C. G. (ed.), *Cattle genetic resources*. World Animal Science, B7. Elsevier Science Publishers, Amsterdam: 153−200.

STEINBOCK, R. T. 1976. *Paleopathological diagnosis and interpretation*. Bone diseases in ancient human populations. Charles C. Thomas Publisher, Springfield Illinois.

STILLFRIED, M. 1926. A szarvasmarhák idült tarsitise (Chronic tarsitis in cattle). *Közlemények az Összehasonlitó Élet-és Kórtan Köréből* 19: 147−154.

SVÁB, J. 1979. *Többváltozós módszerek a biometriában*. Akadémiai Kiadó, Budapest.

SZENTMIHÁLYI, S. 1976. A kifejlett szarvasmarhák takarmányozása (The feeding of mature cattle). In: Horn, A. (ed.), *Allattenyésztés*. Mezőgazdasági Kiadó, Budapest: 165−181.

THOMAS, R. N. W. 1988. A statistical evaluation of criteria used in sexing cattle metapodials. *Archaeozoologia* 2: 83−92.

TORMAY, B. 1884. *Kalauz a lópatkolásban kovácsok számára (Guide to horse shoeing for blacksmiths)*. Athenaeum Irodalmi és Nyomdai R. T. Budapest.

TORMAY, B. 1887. *A szarvasmarha és tenyésztése (The cattle and its breeding)* . Országos Gazdasági Egyesület Könyvkiadó Vállalata, Budapest.

TORMAY, B. 1906. *A szarvasmarha és tenyésztése II (The cattle and its breeding)*. Athenaeum Irodalmi és Nyomdai R. T. Budapest.

TSCHUMI, O. 1949. *Urgeschichte der Schweiz*. Frauenfeld.

TURNER, A. S., MILLS, E. J. and GABEL, A. A. 1975. In vivo measurements of bone strain in the horse. *American Journal of Veterinary Science* 36: 1573−1579.

UENZE, O. 1958. Neue Zeichensteine aus dem Kammergrab von Züschen. *Neue Ausgrabungen in Deutschland*. Römisch-Germanische Komission des Deutschen Archäologischen Instituts, Berlin: 99−106.

UERPMANN, M. and UERPMANN, H. P. 1994. Animal bone finds from excavation 520 at Qala'at al-Bahrain. In: Højlund, F. and Andersen, H. H. (eds.), Qala'at al-Bahrain. The Northern City Wall and the Islamic Fortress. *Jutland Archaeological Society Publications* 30 (1): 417−444. Aarhus University Press, Aarhus.

VANDIER, J. 1978. Bas-reliefs et peintures. Scènes de la vie agricole à l'Ancien et au Moyen Empire. *Manuel d'archéologie égyptienne* 4. Ed. Picard, Paris.

VAN NEER, W. and DE CUPERE, B. 1993. First archaeozoological results from the Hellenistic-Roman site of Sagalassos. In: Waelkens, M. (ed.), Sagalassos I. First General Report on the Survey (1986−1989) and excavations (1990−1991). *Acta Archaeologica Lovaniensia Monographiae* 5. Leuven University Press, Leuven: 225−238.

VAN NEER, W. and LENTACKER, A. 1994. La faune gallo-romaine d'un quartier du vicus namurois: la Place Marché aux Légumes. *Actes de la Deuxième Journée d'Archéologie Namuroise* 2: 67−74.

VAN RIJN, F. J. J. 1929. *Trekproeven bij paarden. Een ondlerzoek naar de trekkracht en het arbeidsvermogen van paarden in Nederland met behulp van het toestel van Prof. Visser*. H. Veenman & Zonen, Wageningen.

VAUGHAN, L. 1960. Osteoarthritis in cattle. *Veterinary Record* 72: 534−538.

VIIRES, A. 1973, Draught oxen and horses in the Baltic countries. In: Fenton, A., Podolak, J. and Rasmussen. H. (eds.), *Land transport in Europe*. Copenhague Nationalmuseet, Copenhagen: 428−456.

WALDRON, T. and ROGERS, J. 1991. Inter-observer variation in coding osteoarthritis in human skeletal remains. *International Journal of Osteoarchaeology* 1: 49−56.

WAMBERG, K. and MCPHEARSON, E. A. 1968. *Veterinary encyclopedia* Vol. 4.

Medical Book Company, Denmark.

WALLACE, H. P. 1966. *The wagonmasters*. University of Oklahoma Press, Oklahoma City.

WÄSLE, R. 1976. *Gebissanomalien und pathologischanatomische Veränderungen an Knochenfundenaus archäologischen Ausgrabungen*. Diss. Institut für Palaeoanatomie, Domestikationsforschung und Geschichte der Tiermedizin der Universität München, München.

WATSON, J. P. W. 1975. Domestication and bone structure in sheep and goats. *Journal of Archaeological Science* 2: 375‒383.

WEIDENREICH, F. 1924. Wie kommen funktionelle Anpassungen der Aussenform des Knochen-skelettes zustande? *Paläontologische Zeitschrift* 7: 34.

WEINMANN, J. P. and SICHER, H. 1955. *Bone and bones*. H. Kimpton, London.

WELLS, C. 1972. Ancient arthritis. *May and Baker Pharmaceutical Bulletin* 21: 67‒70.

WIESMILLER, P. 1986. *Die Tierknochenfunde aus demlatènezeitlichen Oppidium von Altenburg-Rheinau. II. Rind*. Diss. Institut für Palaeoanatomie, Domestikationsforschung und Geschichte der Tiermedizin der Universität München, München.

WIJNGAARDEN-BAKKER, L. H. VAN, 1979. The influence of selection on the size of prehistoric cattle. In: Kubasiewicz, M. (ed.), *Archaeozoology*, Agricultural Academy, Szczecin: 357‒364.

WIJNGAARDEN-BAKKER. L. H. VAN and BERGSTRÖM, P. L. 1987. Estimation of the shoulder heigh of cattle. *Archaeozoologia* 2: 67‒82.

WIJNGAARDEN-BAKKER, L. H. VAN and KRAUWER. M. 1979. Animal palaeopathology. Some examples from the Netherlands. *Helinium* 19: 37‒53.

WILSON, L. L, GRIECO, L. K., LEVAN, PJ. and WAT. KINS, J. L. 1982. Bovine metacarpal and metataral dimensions: comparison of Aberdeen Angus and Charolais steers slaughtered at three percentages of mature cow weight. *Livestock Production Science* 9: 653‒663.

WING, E. S. 1989. Evidences for the impact of traditional Spanish animal uses in parts of the New World. In: Clutton-Brock, J. (ed.), *The walking larder. Patterns of domestication, pastoralism, and predation*. Unwin Hyman, London: 72‒79.

WITT, M. 1951. Das Melkmaschineneuter. Züch tungskunde 23: 93.

ZERBINI, E., GEMEDA, T., WOLD, A. G. and ASTATKE, A. 1994. Effect of draft work on lactation of Fl crossbred dairy cows. In: Starkey, P., Mwenya, E. and Stares, J. (eds.), *Improving animal traction technology*. Proceedings of the first workshop of the Animal Traction Network for Eastern and Southern Africa (ATNESA), 18‒23 January 1992, Lusaka: 130‒135.

ZINN, R. A., DUNBAR, J. R. and NORMAN, B. B. 1985. *Relative effects of dehorning and castration on early health and performance of feedlot calves*. Department of Animal Science and Cooperative Extension California Feeders'Day, University of California, Davis: 97−105.

ZÓLYOMI, J. 1968. Észak-Cserhát állattartásának másfél százada (Ein Anderthalbjahrhundert der Tierhaltung von Nordcserhát). *Agrártörténeti Szemle* 10: 439−478.

附　　录

该附录包含我们在特尔菲伦的中非皇家博物馆研究的样本个体的总体描述，为在各种分析框架内开展研究提供了背景资料。作为基础描述的一部分，这里重复介绍了一些与动物体质和状况有关的骨骼形状和形态的信息，对细长度和病理指数所做的准确解释请参考正文。

附录 A　对个体的描述

A.1　罗马尼亚阉牛

样本编号 AMT 91.107.M1

罗马尼亚灰牛与褐牛杂交种，已阉割，6 岁，来自罗巴塔（Lopătari）村。活重：450 千克。据当地人说，这头牛用于艰苦的伐木作业。掌 / 跖骨的细长指数表明，该动物的骨骼是该样本集合中第二粗壮。该个体的指 / 趾骨健康，运用所有可用骨骼计算出的病理指数为 0.169。未装蹄。

样本编号 AMT 91.107. M2

罗马尼亚灰牛与褐牛杂交种，8 岁，已阉割，来自贝斯泥（Beceni）村。活重：482 千克。掌 / 跖骨的细长指数表明该个体骨骼中等粗壮。在掌骨远端和指 / 趾骨上有小骨赘。远指 / 趾节骨软骨骨化。运用所有可用骨骼计算出的病理指数为 0.425。该值反映出亚病理特征，在右侧跖骨骨干近端内侧有横向条纹。装有精制的宽蹄铁，部分蹄铁在屠宰时已处于相对磨损状态。

样本编号 AMT 91.107. M3

罗马尼亚灰牛与褐牛杂交种，10 岁，已阉割，来自贝斯泥（Beceni）村。活重：674 千克。它的跖骨比样本平均水平纤细。其两侧后肢愈合的第 2 和第 3 跗骨与跖骨融合。另一方面，它的远指 / 趾节骨仅在外侧有轻微的骨质增生。运用所有可用骨骼计算出的病理指数为 0.459。仅前肢装有精致的宽蹄铁。屠宰时这些蹄铁都已经磨损到后端的第一个蹄钉处。

样本编号 AMT 91.107. M4

罗马尼亚灰牛与褐牛杂交种，14 岁，已阉割，来自贝斯泥（Beceni）村。活重：662 千克。掌骨纤细，低于样本平均水平。跖骨远端及指 / 趾骨出现骨赘。运用所有可用骨骼计算出的病理指数为 0.426，在右侧掌骨内侧粗糙的肌肉附着面及左侧跖骨内侧有重度条纹。在所有样本中，只有该个体的后蹄装有精致的宽蹄铁。装在外侧指 / 趾的蹄铁的蹄踵部位的脊已经磨掉，而内侧指 / 趾的蹄铁则没有这种情况。

样本编号 AMT 91.107. M5

罗马尼亚灰牛与褐牛杂交种，6 岁，已阉割，来自罗巴塔（Lopătari）村。活重：460 千克。据当地人说，这头牛用于艰苦的伐木作业。根据细长指数，其掌 / 跖骨为中等细长水平，略大于样本平均值。这个相对年轻、活重轻的个体的指 / 趾骨健康。运用所有可用骨骼计算出来的病理指数只有 0.218。蹄子上装有简单的宽蹄铁，屠宰时蹄铁状况依旧良好。

样本编号 AMT 91.107. M6

罗马尼亚灰牛与褐牛杂交种，19 岁，已阉割，来自扎尔内斯蒂（Zărneşti）村。该年老的个体终生都从事于较低强度的劳作。活重：449 千克。它的跖骨非常纤细。病理指数为 0.336。两个掌骨在远端部分的掌侧面中部都出现凹陷。只有前蹄装有精致的宽蹄铁，但内侧指 / 趾的蹄铁缺失，装在外侧指 / 趾的精致的宽蹄铁磨损严重。

样本编号 AMT 91.107. M7

罗马尼亚灰牛与褐牛杂交种，14 岁，已阉割，来自布拉贾尼（Blăjani）村，活重：450 千克。掌 / 跖骨的细长指数表明该个体骨骼相当粗壮。运用所有可用骨骼计算出的病理指数是 0.315。该个体未装蹄。

样本编号 AMT 91.107. M8

罗马尼亚灰牛与褐牛杂交种，已阉割，来自卡皮尼斯蒂（Cărpiniştea）村。这头牛的确切年龄和活重不详。仅有一个粗壮的左侧跖骨和与其衔接的趾骨可供研究。出现骨赘，其病理指数为 0.479。这头役用阉牛装有精致的宽蹄铁，磨损程度相当严重。

样本编号 AMT 91.107. M9

罗马尼亚灰牛与褐牛杂交种，12 岁，已阉割，来自比索卡（Bisoca）村。仅有前肢和左后肢可供研究。据当地人说，这头役用阉牛用于艰苦的伐木作业。活重：478 千克。右侧跖骨缺失，掌 / 跖骨的细长指数大于样本均值。第 2 和第 3 跗骨与左侧跖骨融合，掌骨远端和指 / 趾骨出现轻度骨赘。尽管如此，运用所有可用骨骼计算出来的病理指数是 0.413。该个体装有精致的宽蹄铁，蹄铁保存状况相当好。

样本编号 AMT 91.107. M10

罗马尼亚灰牛与褐牛杂交种，9 岁，已阉割，来自阿尔巴朱利亚（Alba Julia）村，活重：780 千克。掌 / 跖骨细长指数表明该个体拥有所有研究样本中最粗壮的骨骼。右侧跗骨和跖骨完全融合，而左侧的骨赘表明该侧也处于同种病变的早期阶段。掌骨远端出现轻度骨赘，在远指 / 趾节骨中软骨严重骨化。运用所有可用骨骼计算出的病理指数很高，达到 0.556。两侧掌骨在骨干远端的掌侧均发生凹陷。该个体不耐磨的蹄子上同时装有精致的和简单的宽蹄铁。左侧内侧趾的蹄铁丢失。所有的蹄铁在屠宰时看起来都还比较新。

样本编号 AMT 91.107. M11

罗马尼亚灰牛与褐牛杂交种，8 岁，已阉割，来自阿尔巴朱利亚（Alba Julia）村，活重：850 千克。尽管这是样本中记录的最重的个体之一，但它的掌 / 跖骨粗壮程度仅为中等。左侧跖骨和跗骨融合，右侧跖骨近端关节的骨赘表明该侧也开始发生融合。另一方面，指 / 趾骨仅出现轻度骨赘，在远指 / 趾节骨处软骨骨化严重。运用所有可用骨骼计算的病理指数为 0.459。在左侧掌骨骨干远端的掌侧面发生凹陷。该个体不耐磨的蹄子上同时装有精致的和简单的宽蹄铁。右侧外侧趾蹄铁在生前丢失，其他蹄铁在屠宰时都处于良好的状态。

样本编号 AMT 91.107. M12

罗马尼亚灰牛与褐牛杂交种，9 岁，已阉割，来自阿尔巴朱利亚（Alba Julia）村。活重：650 千克。该个体的掌骨比样本平均水平粗壮。所有掌 / 跖骨（特别是掌骨）均出现骨赘，该病变也见于指骨。运用所有可用骨骼计算出的病理指数很高，为 0.551。在两侧掌骨骨干远端的掌侧面均出现凹陷且伴有不成形的骨赘。该个体未装蹄。

样本编号 AMT 91.107. M13

罗马尼亚灰牛杂交种，8 岁，已阉割，来自锡比乌（Sibiu）镇。活重：501 千克。该个体的掌 / 跖骨细长指数表明其骨架粗壮程度为中等。掌骨远端关节出现骨赘。运用所有可用骨骼计算出的病理指数为 0.377。在右侧掌骨骨干远端的掌侧面发生凹陷，右侧跖骨在某种程度上也出现同样的病变。该个体装有翼形蹄铁，在屠宰时蹄铁似乎还相当新。

样本编号 AMT 91.107. M14

罗马尼亚灰牛杂交种，10 岁，已阉割，来自锡比乌（Sibiu）镇。活重：515 千克。这头牛的跖骨比样本平均水平更纤细。指 / 趾骨仅出现轻度骨质增生，在远指 / 趾节骨处软骨严重骨化。运用所有可用骨骼计算出的病理指数为 0.428，数值较高部分是由于两侧掌骨的掌侧面都出现了凹陷。该个体装有翼形蹄铁，屠宰时蹄铁仅有非常轻微的磨损。

样本编号 AMT 91.107. M22

罗马尼亚灰牛与褐牛杂交种，已阉割。这头发育成熟的役用阉牛的确切来源地点、年龄和活重不详。仅存相对粗壮的右侧掌骨和与之相连的指骨。该个体的病理指数为 0.420。装有精制的宽蹄铁，表明该个体曾被用于牵引工作。蹄铁在屠宰时都有磨损。

样本编号 AMT 91.107. M23

罗马尼亚灰牛与褐牛杂交种，已阉割。该个体的确切来源地点、年龄和活重不详。仅存小而粗壮的右侧掌骨和与之相连的指骨。该掌骨的远端关节及所有指骨都出现骨赘，掌骨掌侧面出现严重凹陷，因而该个体的病理指数高达 0.543。仅在内侧指装有一个精致的宽蹄铁；外侧指蹄铁丢失。

样本编号 AMT 91.107. M24

罗马尼亚灰牛与褐牛杂交种，已阉割。该发育成熟的个体的确切来源地点、年龄和活重不详。仅存一侧相对细长的跖骨和与之相连的趾骨。该个体的体型明显很大，但其的病理指数只有 0.262。未装蹄。

样本编号 AMT 91.107. M25

罗马尼亚灰牛与褐牛杂交种，已阉割。该发育成熟的个体的确切来源地点、年龄和活重不详。仅存左侧跖骨及与之相连的趾骨。病理指数为 0.397。该个体在生前就丢失了左后肢的蹄铁。

A.2　来自罗马尼亚的年轻公牛

均未装蹄。

样本编号 AMT 91.107. M15

罗马尼亚灰牛与褐牛杂交种，2 岁，公牛，来自阿尔巴朱利亚（Alba Julia）村，活重：500 千克。掌骨相当纤细，但跖骨的粗壮度几乎达到了样本均值。运用所有可用骨骼计算得出的病理指数为 0.008。

样本编号 AMT 91.107. M16

罗马尼亚灰牛与褐牛杂交种，2 岁，公牛，来自阿尔巴朱利亚（Alba Julia）村。活重：405 千克。掌骨和跖骨都比主要通过役用阉牛计算而来的样本平均水平纤细。运用所有可用骨骼计算得出的病理指数为 0.033。

样本编号 AMT 91.107. M17

罗马尼亚灰牛与褐牛杂交种，年轻公牛，来自阿尔巴朱利亚（Alba Julia）村，活重不详。仅存非常纤细的右侧掌骨和与之相连的指骨。掌骨远端骨骺未愈合。在该个体的骨骼上发现了一些轻微的变形，病理指数为 0.003。

样本编号 AMT 91.107. M18

罗马尼亚灰牛与褐牛杂交种，2 岁，公牛，来自阿尔巴朱利亚（Alba Julia）村。活重：455 千克。这头年轻公牛的掌/跖骨细长指数远低于平均水平。病理指数为 0.111，在年轻公牛组别中是最高的。

样本编号 AMT 91.107. M19

罗马尼亚灰牛与褐牛杂交种，年轻公牛，来自阿尔巴朱利亚（Alba Julia）村，活重不详。仅存纤细的右侧掌骨和与之相连的指骨。掌骨远端骨骺未愈合。在该个体的骨骼上发现了一些轻微的变形，病理指数为 0.015。

样本编号 AMT 91.107. M20

罗马尼亚灰牛与褐牛杂交种，年轻公牛，来自阿尔巴朱利亚（Alba Julia）村，活重不详。仅存纤细的左侧掌骨和与之相连的指骨。掌骨远端骨骺未愈合。在该个体的骨骼上发现了一些轻微的变形，病理指数为 0.007。

样本编号 AMT 91.107. M21

罗马尼亚灰牛与褐牛杂交种，年轻公牛，来自阿尔巴朱利亚（Alba Julia）村，活重不详。仅存纤细的左侧掌骨和与之相连的指骨。掌骨远端骨骺未愈合。在该个体的骨骼上发现了一些轻微的变形，病理指数为 0.003。

附录 B　个体掌/跖骨测量值（单位：毫米）

B.1　采自罗马尼亚的役用阉牛

样品编号 AMT 91.107.M1，6 岁，450 千克

		GL	Bp	Bpm	DP	SD	DD	Bd	BFdm	Ddm	Ddl	Dcm	Bcr	Dcl
右侧	掌骨	207.5	81.7	43.1	51.0	46.1	28.1	81.4	39.2	43.2	42.5	23.7	38.1	22.3
	跖骨	229.8	68.1	27.8	60.0	39.9	33.1	74.1	34.4	42.1	41.4	20.0	36.9	18.5

		GL	Bp	Bpm	DP	SD	DD	Bd	BFdm	Ddm	Ddl	Dcm	Bcr	Dcl
左侧	掌骨	207.8	81.2	45.2	51.2	45.6	28.2	81.2	39.1	43.2	42.1	23.6	37.1	21.7
	跖骨	231.6	69.1	26.1	61.2	41.1	32.5	75.4	34.2	42.1	41.2	20.1	36.3	19.8

样品编号 AMT 91.107.M2，8 岁，482 千克

		GL	Bp	Bpm	DP	SD	DD	Bd	BFdm	Ddm	Ddl	Dcm	Bcr	Dcl
右侧	掌骨	218.0	82.1	44.8	52.1	45.2	27.2	85.1	41.1	45.1	44.1	24.4	38.0	25.7
	跖骨	241.2	61.0	29.1	60.5	41.9	32.2	75.6	35.1	43.1	42.6	20.9	35.6	19.6
左侧	掌骨	214.2	82.1	45.1	51.1	45.4	29.1	88.0	43.2	46.1	46.0	26.5	37.6	26.0
	跖骨	240.2	66.7	27.9	61.7	40.7	32.1	76.0	36.2	42.9	42.4	21.3	35.7	20.6

样品编号 AMT 91.107.M3，10 岁，674 千克

		GL	Bp	Bpm	DP	SD	DD	Bd	BFdm	Ddm	Ddl	Dcm	Bcr	Dcl
右侧	掌骨	218.1	82.5	45.8	48.1	45.0	26.7	85.2	40.0	44.1	42.2	24.9	36.1	23.6
	跖骨	235.8	67.5	28.5	62.7	35.2	33.8	72.0	33.9	41.8	42.1	19.9	33.7	17.9
左侧	掌骨	216.7	82.0	45.8	50.1	45.1	27.1	84.7	40.9	42.6	41.4	24.9	35.3	24.9
	跖骨	239.7	65.4	30.1	61.8	36.2	32.2	71.8	34.1	40.8	41.0	21.0	33.5	20.0

样品编号 AMT 91.107.M4，14 岁，662 千克

		GL	Bp	Bpm	DP	SD	DD	Bd	BFdm	Ddm	Ddl	Dcm	Bcr	Dcl
右侧	掌骨	216.1	81.6	67.5	50.8	41.5	26.2	76.2	37.1	41.1	39.5	20.9	34.3	21.3
	跖骨	242.1	68.2	28.7	59.1	39.5	33.6	83.4	41.4	43.2	42.6	26.6	35.9	22.2
左侧	掌骨	216.2	81.1	28.2	49.6	41.7	26.7	76.4	37.5	41.1	39.8	22.3	34.4	20.4
	跖骨	244.9	66.1	29.4	60.7	39.6	34.2	85.8	44.6	44.5	43.4	28.8	35.3	23.6

样品编号 AMT 91.107.M5，6 岁，460 千克

		GL	Bp	Bpm	DP	SD	DD	Bd	BFdm	Ddm	Ddl	Dcm	Bcr	Dcl
右侧	掌骨	209.9	74.7	40.0	46.1	44.1	27.0	76.1	34.8	39.0	38.2	21.2	34.8	20.9
	跖骨	234.0	63.1	26.0	59.1	37.4	31.9	69.5	32.5	38.3	38.1	19.7	33.7	17.1
左侧	掌骨	210.6	74.2	39.2	46.1	43.2	27.2	76.1	35.8	39.2	38.3	21.5	35.1	20.9
	跖骨	233.2	64.0	26.8	58.2	37.5	31.2	70.7	33.2	39.1	37.8	20.4	34.1	20.6

样品编号 AMT 91.107.M6，19 岁，449 千克

		GL	Bp	Bpm	DP	SD	DD	Bd	BFdm	Ddm	Ddl	Dcm	Bcr	Dcl
右侧	掌骨	218.5	75.1	37.7	45.7	45.0	26.7	77.1	38.2	39.1	38.6	22.9	34.6	22.2
	跖骨	250.2	64.6	24.5	59.1	32.2	33.2	69.1	32.9	42.1	41.0	19.5	33.3	16.8
左侧	掌骨	221.0	76.1	38.9	44.8	44.5	26.3	75.5.	36.8	39.0	38.7	21.5	35.2	20.7
	跖骨	250.0	63.3	32.5	59.0	32.9	33.2	70.0	33.1	42.0	42.1	20.0	33.2	18.7

样品编号 AMT 91.107.M7，14 岁，450 千克

		GL	Bp	Bpm	DP	SD	DD	Bd	BFdm	Ddm	Ddl	Dcm	Bcr	Dcl
右侧	掌骨	229.1	83.2	47.2	52.0	49.1	31.1	83.1	40.3	45.8	44.9	23.0	38.2	23.7
	跖骨	251.2	73.5	31.2	64.3	42.1	39.9	76.2	35.0	45.1	44.2	20.0	38.0	19.9
左侧	掌骨	222.9	81.1	41.1	51.1	46.1	27.8	77.0	36.0	42.6	41.3	21.3	35.7	23.1
	跖骨	251.0	73.1	32.0	63.2	42.9	38.5	75.5	34.1	45.1	45.7	20.1	37.4	23.8

样品编号 AMT 91.107.M8，年龄及活重不详

		GL	Bp	Bpm	DP	SD	DD	Bd	BFdm	Ddm	Ddl	Dcm	Bcr	Dcl
左侧	跖骨	223.1	55.8	22.0	50.3	33.1	26.1	62.6	28.9	34.1	33.7	18.0	28.8	18.4

样品编号 AMT 91.107.M9，12 岁，478 千克

		GL	Bp	Bpm	DP	SD	DD	Bd	BFdm	Ddm	Ddl	Dcm	Bcr	Dcl
右侧	掌骨	205.8	72.1	39.4	43.1	40.7	25.1	72.9	34.9	37.1	37.0	21.0	33.4	20.4
左侧	掌骨	204.2	71.9	40.8	42.1	41.9	25.1	74.9	36.2	37.1	37.0	22.4	33.2	21.0
	跖骨	242.1	69.4	33.2	68.8	37.8	33.0	75.8	34.2	43.5	43.1	20.3	35.6	21.2

样品编号 AMT 91.107.M10，9 岁，780 千克

		GL	Bp	Bpm	DP	SD	DD	Bd	BFdm	Ddm	Ddl	Dcm	Bcr	Dcl
右侧	掌骨	224.1	86.0	51.1	52.0	48.1	26.1	80.3	39.1	40.1	40.1	25.3	34.3	21.9
	跖骨	253.2	68.5	33.2	61.5	41.0	33.2	76.1	36.9	40.2	40.2	25.3	32.6	21.0
左侧	掌骨	223.5	87.6	53.1	50.0	49.7	26.1	81.5	41.2	40.1	40.1	26.2	34.8	22.5
	跖骨	254.8	68.1	30.2	56.1	41.0	33.6	71.2	33.1	39.2	39.0	20.9	33.4	20.5

样品编号 AMT 91.107.M11，8 岁，850 千克

		GL	Bp	Bpm	DP	SD	DD	Bd	BFdm	Ddm	Ddl	Dcm	Bcr	Dcl
右侧	掌骨	233.1	86.2	46.2	58.1	49.3	29.9	84.8	39.2	43.5	41.5	23.5	38.4	24.1
	跖骨	266.1	72.9	41.0	61.4	43.5	—	76.4	35.1	42.0	41.6	22.0	36.1	19.8
左侧	掌骨	234.9	86.9	44.2	57.1	49.9	30.6	84.2	39.2	43.4	41.9	23.4	38.7	25.1
	跖骨	261.5	76.5	36.7	71.5	44.3	37.4	78.1	36.2	42.5	41.9	21.6	36.5	22.6

样品编号 AMT 91.107.M12，9 岁，650 千克

		GL	Bp	Bpm	DP	SD	DD	Bd	BFdm	Ddm	Ddl	Dcm	Bcr	Dcl
右侧	掌骨	206.2	78.5	43.8	46.5	44.1	27.5	84.7	45.2	38.1	37.2	30.5	32.3	23.1
	跖骨	223.2	62.0	25.2	56.4	35.8	32.2	76.1	35.0	37.9	38.0	21.1	31.1	24.8
左侧	掌骨	205.1	74.0	41.1	47.8	45.0	29.1	85.1	44.2	38.1	36.2	30.6	31.6	25.5
	跖骨	227.9	60.9	25.9	55.2	35.2	31.9	68.9	32.1	35.8	34.2	20.4	31.7	19.2

样品编号 AMT 91.107.M13，8 岁，501 千克

		GL	Bp	Bpm	DP	SD	DD	Bd	BFdm	Ddm	Ddl	Dcm	Bcr	Dcl
右侧	掌骨	199.6	74.1	39.2	44.8	42.1	25.2	76.8	35.7	37.1	36.9	22.5	34.0	21.6
	跖骨	230.1	59.1	25.1	54.9	32.5	30.2	67.2	30.2	36.2	35.3	18.3	31.9	18.4
左侧	掌骨	222.0	75.1	41.2	44.1	43.2	26.1	78.2	39.1	36.9	36.0	24.6	34.8	20.3
	跖骨	230.2	64.1	27.1	66.0	35.1	30.0	69.6	31.9	39.1	38.2	32.0	32.0	16.7

样品编号 AMT 91.107.M14，10 岁，515 千克

		GL	Bp	Bpm	DP	SD	DD	Bd	BFdm	Ddm	Ddl	Dcm	Bcr	Dcl
右侧	掌骨	203.6	70.5	38.9	42.1	41.1	28.0	75.2	40.2	35.8	35.1	25.5	31.2	21.0
	跖骨	233.1	55.8	23.1	51.1	31.2	30.1	62.2	28.2	34.1	33.4	17.5	29.4	16.0
左侧	掌骨	203.8	68.5	39.1	42.5	40.1	25.1	72.2	37.9	36.9	34.5	23.8	32.1	20.5
	跖骨	230.2	54.5	24.0	51.1	30.9	29.8	62.8	29.9	34.1	33.8	18.1	29.1	17.0

样品编号 AMT 91.107.M22，年龄与活重不详

		GL	Bp	Bpm	DP	SD	DD	Bd	BFdm	Ddm	Ddl	Dcm	Bcr	Dcl
右侧	掌骨	211.1	78.1	42.2	48.9	46.2	28.2	80.4	38.3	42.1	41.5	21.3	35.8	22.6

样品编号 AMT 91.107.M23，年龄与活重不详

		GL	Bp	Bpm	DP	SD	DD	Bd	BFdm	Ddm	Ddl	Dcm	Bcr	Dcl
右侧	掌骨	187.9	69.2	37.1	40.0	40.2	23.5	73.8	38.2	35.5	35.1	25.0	30.6	20.1

样品编号 AMT 91.107.M24，年龄与活重不详

		GL	Bp	Bpm	DP	SD	DD	Bd	BFdm	Ddm	Ddl	Dcm	Bcr	Dcl
右侧	跖骨	232.1	68.1	29.5	60.6	39.0	33.5	75.0	35.1	42.0	42.1	19.4	33.4	19.6

样品编号 AMT 91.107.M25，年龄与活重不详

		GL	Bp	Bpm	DP	SD	DD	Bd	BFdm	Ddm	Ddl	Dcm	Bcr	Dcl
左侧	跖骨	232.7	68.1	40.0	60.4	38.9	35.2	74.9	35.6	41.7	41.6	22.5	35.2	19.7

B.2　采自罗马尼亚的年轻公牛

样品编号 AMT 91.107.M15，2.0 岁，500 千克

		GL	Bp	Bpm	DP	SD	DD	Bd	BFdm	Ddm	Ddl	Dcm	Bcr	Dcl
右侧	掌骨	236.1	80.7	42.9	47.3	43.1	29.9	75.9	36.0	42.7	42.1	21.0	34.6	20.6
	跖骨	248.1	66.1	27.9	58.2	38.1	33.1	70.4	32.4	41.2	41.1	18.4	35.2	18.8
左侧	掌骨	235.1	80.9	43.5	45.0	42.9	29.8	74.5	35.1	42.5	41.9	20.0	35.0	20.8
	跖骨	245.0	66.1	29.9	60.2	38.2	32.5	71.1	32.5	41.2	41.0	18.4	35.1	18.7

样品编号 AMT 91.107.M16，2.0 岁，405 千克

		GL	Bp	Bpm	DP	SD	DD	Bd	BFdm	Ddm	Ddl	Dcm	Bcr	Dcl
右侧	掌骨	208.7	68.1	38.1	43.2	39.5	28.2	66.9	31.1	36.3	35.7	17.7	31.8	17.4
	跖骨	234.1	59.1	25.5	54.1	34.9	31.9	61.2	28.1	36.2	35.7	17.0	31.4	14.5
左侧	掌骨	207.2	67.9	36.9	43.2	39.2	25.9	65.9	30.9	36.8	35.9	17.4	31.2	17.9
	跖骨	233.8	59.1	25.4	54.8	36.1	32.0	62.2	28.3	36.1	35.8	17.9	31.0	18.0

样品编号 AMT 91.107.M17，年龄与活重不详

		GL	Bp	Bpm	DP	SD	DD	Bd	BFdm	Ddm	Ddl	Dcm	Bcr	Dcl
右侧	掌骨	225.1	77.0	40.9	46.1	36.6	27.0	71.1	36.1	41.9	39.0	19.6	35.3	19.7

样品编号 AMT 91.107.M18，2.0 岁，455 千克

		GL	Bp	Bpm	DP	SD	DD	Bd	BFdm	Ddm	Ddl	Dcm	Bcr	Dcl
右侧	掌骨	210.9	73.9	41.5	42.1	39.5	25.9	71.1	33.8	37.4	36.6	20.0	32.6	20.0
	跖骨	235.3	59.1	27.0	53.1	32.6	29.2	65.1	30.7	36.9	36.1	19.6	30.1	18.0
左侧	掌骨	210.7	72.0	42.2	39.1	39.3	26.3	71.2	33.5	37.2	36.6	20.1	32.3	22.0
	跖骨	236.1	59.7	26.1	52.8	32.5	29.9	74.1	31.0	36.5	36.1	19.1	30.6	21.0

样品编号 AMT 91.107.M19 年龄与活重不详

		GL	Bp	Bpm	DP	SD	DD	Bd	BFdm	Ddm	Ddl	Dcm	Bcr	Dcl
右侧	掌骨	216.8	74.1	41.9	44.9	39.3	26.2	72.3	34.9	40.9	39.5	21.4	33.2	19.9

样品编号 AMT 91.107.M20，年龄与活重不详

		GL	Bp	Bpm	DP	SD	DD	Bd	BFdm	Ddm	Ddl	Dcm	Bcr	Dcl
左侧	掌骨	216.9	75.0	41.1	44.1	39.9	27.2	73.1	34.9	40.8	39.9	21.6	34.4	19.6

样品编号 AMT 91.107.M21，年龄与活重不详

		GL	Bp	Bpm	DP	SD	DD	Bd	BFdm	Ddm	Ddl	Dcm	Bcr	Dcl
左侧	掌骨	222.1	77.5	41.1	45.1	36.1	27.2	72.8	35.0	41.3	40.0	19.6	34.5	18.8

附录 C　指 / 趾骨测量值（单位：毫米）

C.1　采自罗马尼亚的役用阉牛

样品编号 AMT 91.107.M1，6 岁，450 千克

		右侧					左侧				
		GL	GLpe	Bp	Dp	Bd	GL	GLpe	Bp	Dp	Bd
近指节骨	内侧（第 3 指）	66.1	66.9	42.5	45.2	42.5	66.4	68.1	41.9	45.2	40.0
	外侧（第 4 指）	67.1	67.6	42.1	45.2	39.2	66.8	67.2	41.9	46.0	39.5

		右侧					左侧				
		GL	GLpe	Bp	Dp	Bd	GL	GLpe	Bp	Dp	Bd
中指节骨	内侧（第3指）	45.2	51.0	42.1	48.1	39.1	45.0	50.0	40.6	46.9	38.9
	外侧（第4指）	44.5	49.1	39.5	45.1	38.1	44.8	47.9	39.9	46.1	37.6
近趾节骨	内侧（第3趾）	66.5	69.1	39.1	43.8	36.3	66.1	69.1	39.2	44.2	36.5
	外侧（第4趾）	69.8	68.6	39.1	44.9	36.5	69.3	68.9	40.0	44.7	36.5
中趾节骨	内侧（第3趾）	44.9	49.5	38.2	44.9	32.1	44.8	49.5	37.9	44.9	31.0
	外侧（第4趾）	47.1	50.3	37.9	45.7	34.2	46.5	50.0	38.2	45.2	32.1

样品编号 AMT 91.107.M2，8 岁，482 千克

		右侧					左侧				
		GL	GLpe	Bp	Dp	Bd	GL	GLpe	Bp	Dp	Bd
近指节骨	内侧（第3指）	64.0	65.8	45.1	47.0	39.9	64.0	65.1	46.1	47.1	39.7
	外侧（第4指）	65.8	66.9	44.7	46.5	38.6	66.7	67.5	46.0	47.9	38.9
中指节骨	内侧（第3指）	44.5	48.1	40.5	45.7	37.1	44.0	48.1	40.4	45.2	37.0
	外侧（第4指）	44.8	48.1	40.4	45.5	38.2	44.2	48.1	41.5	46.0	36.1
近趾节骨	内侧（第3趾）	65.5	67.2	40.7	43.8	36.1	65.0	66.5	41.0	44.5	36.3
	外侧（第4趾）	69.2	68.1	39.9	43.1	36.7	68.6	68.1	40.2	43.9	35.6
中趾节骨	内侧（第3趾）	45.2	46.1	38.1	41.9	30.0	44.8	46.3	38.2	41.1	30.2
	外侧（第4趾）	45.0	47.2	39.1	42.8	33.1	45.0	46.2	45.2	45.2	32.5

样品编号 AMT 91.107.M3，10 岁，674 千克

		右侧					左侧				
		GL	GLpe	Bp	Dp	Bd	GL	GLpe	Bp	Dp	Bd
近指节骨	内侧（第3指）	65.5	67.5	44.1	50.0	39.9	66.0	67.2	44.7	48.2	39.9
	外侧（第4指）	66.1	66.9	43.8	47.8	39.9	66.2	67.1	44.0	48.2	39.1
中指节骨	内侧（第3指）	45.8	50.5	42.9	46.5	42.8	46.3	50.6	43.2	46.1	43.1
	外侧（第4指）	45.2	48.9	42.6	46.1	42.9	44.1	47.2	41.9	47.2	41.5
近趾节骨	内侧（第3趾）	65.5	68.0	37.2	43.8	35.8	66.0	68.1	37.6	44.0	36.1
	外侧（第4趾）	68.0	67.8	37.7	44.8	35.2	67.1	67.8	38.2	44.2	34.5
中趾节骨	内侧（第3趾）	43.5	45.6	38.1	42.1	32.5	43.2	46.3	37.8	41.5	32.8
	外侧（第4趾）	44.0	45.6	37.8	40.5	32.8	44.1	45.5	37.0	41.5	32.0

样品编号 AMT 91.107.M4，14 岁，662 千克

		右侧					左侧				
		GL	GLpe	Bp	Dp	Bd	GL	GLpe	Bp	Dp	Bd
近指节骨	内侧（第3指）	63.6	66.1	40.9	43.1	36.9	63.8	66.0	40.2	44.1	37.1
	外侧（第4指）	64.9	67.1	40.5	42.2	36.1	64.2	66.2	40.2	42.1	35.9

		右侧					左侧				
		GL	GLpe	Bp	Dp	Bd	GL	GLpe	Bp	Dp	Bd
中指节骨	内侧（第 3 指）	42.1	44.7	38.1	43.9	33.8	41.5	45.5	38.1	45.1	36.1
	外侧（第 4 指）	42.1	43.6	39.5	42.1	35.1	42.2	43.8	38.6	42.0	35.1
近趾节骨	内侧（第 3 趾）	69.2	70.1	45.5	48.9	39.1	69.5	70.5	40.0	50.7	37.5
	外侧（第 4 趾）	71.5	70.9	41.1	50.6	37.2	72.7	71.1	41.7	51.5	38.5
中趾节骨	内侧（第 3 趾）	45.9	47.0	39.9	45.1	32.1	46.0	48.4	38.2	44.8	31.1
	外侧（第 4 趾）	46.8	48.9	39.1	44.0	36.8	47.2	49.1	39.2	45.9	37.2

样品编号 AMT 91.107.M5，6 岁，460 千克

		右侧					左侧				
		GL	GLpe	Bp	Dp	Bd	GL	GLpe	Bp	Dp	Bd
近指节骨	内侧（第 3 指）	60.3	62.2	39.4	44.0	36.2	60.3	62.5	39.2	42.9	36.1
	外侧（第 4 指）	62.3	63.2	40.0	42.9	35.3	62.0	63.1	38.9	41.1	35.5
中指节骨	内侧（第 3 指）	42.2	40.2	39.1	41.5	35.9	40.2	43.2	38.8	39.2	35.0
	外侧（第 4 指）	41.1	43.9	39.5	39.5	36.8	41.1	42.8	39.6	42.1	37.1
近趾节骨	内侧（第 3 趾）	62.9	64.7	37.5	42.9	33.9	63.1	66.2	37.1	42.9	33.9
	外侧（第 4 趾）	64.1	64.9	36.6	39.1	33.2	64.2	65.1	37.3	40.2	33.1
中趾节骨	内侧（第 3 趾）	41.9	43.1	37.2	41.5	30.2	41.8	44.1	37.2	41.0	30.4
	外侧（第 4 趾）	42.6	43.2	37.1	40.5	32.5	42.3	43.2	37.0	40.2	31.8

样品编号 AMT 91.107.M6，19 岁，449 千克

		右侧					左侧				
		GL	GLpe	Bp	Dp	Bd	GL	GLpe	Bp	Dp	Bd
近指节骨	内侧（第 3 指）	64.1	61.9	39.6	43.1	37.3	61.5	63.8	39.1	42.0	36.1
	外侧（第 4 指）	63.1	65.1	39.4	40.0	35.1	63.8	65.2	39.2	40.0	35.2
中指节骨	内侧（第 3 指）	42.5	43.0	38.9	43.1	37.1	42.3	42.2	38.8	42.0	36.1
	外侧（第 4 指）	41.9	42.1	37.2	40.7	36.1	41.8	42.2	38.2	40.8	36.5
近趾节骨	内侧（第 3 趾）	65.7	67.9	36.3	40.3	33.9	65.1	67.2	35.3	40.9	33.9
	外侧（第 4 趾）	68.3	67.6	36.2	40.9	33.1	67.2	67.2	36.2	42.4	33.0
中趾节骨	内侧（第 3 趾）	44.1	46.0	35.2	41.9	27.8	43.5	46.0	35.3	38.7	28.0
	外侧（第 4 趾）	44.5	46.1	35.5	40.7	31.0	44.1	45.9	34.9	41.2	29.2

样品编号 AMT 91.107.M7，14 岁，450 千克

		右侧					左侧				
		GL	GLpe	Bp	Dp	Bd	GL	GLpe	Bp	Dp	Bd
近指节骨	内侧（第 3 指）	66.1	68.3	44.8	46.1	40.1	65.8	68.1	41.5	45.1	36.1
	外侧（第 4 指）	67.2	69.5	44.9	44.1	39.0	67.5	69.0	42.5	43.8	36.8

		右侧					左侧				
		GL	GLpe	Bp	Dp	Bd	GL	GLpe	Bp	Dp	Bd
中指节骨	内侧（第3指）	46.0	48.1	41.5	50.1	37.8	47.1	47.5	39.3	49.2	36.2
	外侧（第4指）	45.2	49.2	43.0	48.0	37.8	47.1	48.2	40.2	47.2	37.1
近趾节骨	内侧（第3趾）	68.2	71.2	42.2	48.1	39.0	68.5	70.7	41.5	47.5	38.9
	外侧（第4趾）	71.1	70.3	41.3	47.1	39.4	67.1	71.2	41.4	47.1	40.1
中趾节骨	内侧（第3趾）	45.9	48.2	38.7	45.2	37.2	45.8	48.2	40.1	43.8	37.5
	外侧（第4趾）	45.8	47.9	41.2	45.9	35.1	46.1	48.1	41.2	46.3	34.1

样品编号 AMT 91.107.M8，年龄与活重不详

		左侧				
		GL	GLpe	Bp	Dp	Bd
近趾节骨	内侧（第3趾）	55.1	57.2	31.6	36.1	31.1
	外侧（第4趾）	56.5	57.2	33.1	38.1	39.1
中趾节骨	内侧（第3趾）	38.0	40.1	32.1	34.9	27.1
	外侧（第4趾）	39.1	40.0	37.1	37.1	29.1

样品编号 AMT 91.107.M9，12岁，478千克

		右侧					左侧				
		GL	GLpe	Bp	Dp	Bd	GL	GLpe	Bp	Dp	Bd
近指节骨	内侧（第3指）	58.5	60.1	37.4	39.0	33.8	59.1	61.0	38.1	38.5	34.1
	外侧（第4指）	61.0	60.3	39.0	41.0	35.1	59.9	62.1	39.7	41.5	33.3
中指节骨	内侧（第3指）	39.4	41.1	31.8	41.9	32.6	38.9	41.2	35.9	41.1	35.6
	外侧（第4指）	39.0	41.5	36.9	39.2	36.8	38.5	41.8	37.0	41.1	32.0
近趾节骨	内侧（第3趾）						66.2	68.1	38.9	43.8	37.2
	外侧（第4趾）						69.2	68.7	40.8	44.8	37.5
中趾节骨	内侧（第3趾）						45.8	47.6	38.9	45.2	33.7
	外侧（第4趾）						47.2	47.8	40.9	47.1	38.8

样品编号 AMT 91.107.M10，9岁，780千克

		右侧					左侧				
		GL	GLpe	Bp	Dp	Bd	GL	GLpe	Bp	Dp	Bd
近指节骨	内侧（第3指）	65.9	68.0	44.0	46.1	39.2	65.0	66.7	43.2	46.1	41.2
	外侧（第4指）	67.1	67.6	44.2	42.5	48.0	66.5	67.1	44.9	44.0	41.7
中指节骨	内侧（第3指）	45.2	48.1	45.9	48.5	36.5	46.0	49.0	47.0	48.5	36.2
	外侧（第4指）	44.9	48.0	44.5	51.0	40.2	44.9	48.0	43.2	49.5	38.3

续表

		右侧					左侧				
		GL	GLpe	Bp	Dp	Bd	GL	GLpe	Bp	Dp	Bd
近趾节骨	内侧（第3趾）	69.0	70.5	39.9	45.2	39.0	67.6	69.2	39.1	43.5	36.2
	外侧（第4趾）	71.1	71.1	39.3	44.1	37.6	69.2	69.9	39.1	43.0	36.2
中趾节骨	内侧（第3趾）	44.9	50.1	42.3	46.5	32.1	44.7	49.0	41.5	44.0	30.5
	外侧（第4趾）	45.2	49.1	42.9	44.2	33.5	44.7	48.1	40.8	44.1	33.1

样品编号 AMT 91.107.M11，8岁，850千克

		右侧					左侧				
		GL	GLpe	Bp	Dp	Bd	GL	GLpe	Bp	Dp	Bd
近指节骨	内侧（第3指）	68.1	71.9	44.8	48.5	40.0	69.0	70.3	44.1	48.0	39.7
	外侧（第4指）	70.0	70.3	45.5	47.2	41.0	68.7	71.1	45.2	47.5	40.9
中指节骨	内侧（第3指）	49.3	46.7	42.9	50.2	39.2	45.7	49.3	42.4	47.5	38.5
	外侧（第4指）	46.0	48.2	44.2	49.1	41.9	46.2	48.2	44.0	49.0	41.5
近趾节骨	内侧（第3趾）	68.9	73.5	42.2	47.1	38.1	69.2	74.1	41.5	48.1	38.0
	外侧（第4趾）	72.6	73.1	42.2	46.1	39.2	73.3	73.8	41.8	47.2	39.5
中趾节骨	内侧（第3趾）	46.5	50.2	41.0	46.5	35.3	45.6	50.9	41.2	45.0	33.3
	外侧（第4趾）	47.8	50.2	42.6	46.1	36.8	47.2	50.0	43.9	46.5	36.0

样品编号 AMT 91.107.M12，9岁，650千克

		右侧					左侧				
		GL	GLpe	Bp	Dp	Bd	GL	GLpe	Bp	Dp	Bd
近指节骨	内侧（第3指）	59.1	60.0	43.1	44.8	37.3	64.0	59.0	44.9	44.1	36.0
	外侧（第4指）	62.3	62.9	37.9	39.0	37.9	62.2	62.5	41.0	45.1	36.5
中指节骨	内侧（第3指）	39.5	41.5	41.0	42.8	38.1	39.0	42.3	37.5	42.8	37.1
	外侧（第4指）	38.9	44.0	38.0	41.1	37.5	38.5	43.0	39.0	42.1	37.8
近趾节骨	内侧（第3趾）	61.0	64.5	35.8	42.5	32.5	59.5	64.1	35.2	40.8	32.8
	外侧（第4趾）	62.5	62.2	38.1	39.2	32.1	62.1	62.8	35.9	39.1	31.0
中趾节骨	内侧（第3趾）	39.6	38.5	35.3	38.2	29.9	39.3	38.7	34.9	37.8	32.1
	外侧（第4趾）	40.0	41.9	35.2	39.9	32.0	40.3	40.8	33.1	38.2	29.5

样品编号 AMT 91.107.M13，8岁，501千克

		右侧					左侧				
		GL	GLpe	Bp	Dp	Bd	GL	GLpe	Bp	Dp	Bd
近指节骨	内侧（第3指）	58.8	59.4	40.8	43.5	36.7	59.3	62.1	40.5	44.0	39.0
	外侧（第4指）	61.8	61.5	40.3	42.2	35.3	61.1	61.0	40.5	42.0	35.8

		右侧					左侧				
		GL	GLpe	Bp	Dp	Bd	GL	GLpe	Bp	Dp	Bd
中指节骨	内侧（第3指）	37.2	42.1	37.1	44.3	34.0	38.0	42.5	41.3	44.5	33.8
	外侧（第4指）	37.0	42.2	37.8	42.9	35.1	38.0	42.1	37.3	43.3	33.3
近趾节骨	内侧（第3趾）	60.2	61.0	34.2	38.5	31.5	60.2	61.0	34.0	39.2	31.1
	外侧（第4趾）	62.7	61.9	35.0	38.9	33.1	62.4	60.3	34.3	39.6	33.1
中趾节骨	内侧（第3趾）	39.5	41.1	33.2	38.5	28.1	41.1	39.2	34.1	40.0	28.0
	外侧（第4趾）	39.3	41.2	36.1	40.3	29.0	41.0	39.1	33.5	39.9	27.9

样品编号 AMT 91.107.M14，10 岁，515 千克

		右侧					左侧				
		GL	GLpe	Bp	Dp	Bd	GL	GLpe	Bp	Dp	Bd
近指节骨	内侧（第3指）	60.3	61.0	39.8	39.0	35.8	57.9	60.3	37.8	39.0	33.7
	外侧（第4指）	60.5	61.8	37.2	39.0	33.1	59.5	60.9	37.2	42.4	32.8
中指节骨	内侧（第3指）	41.5	39.2	37.0	40.1	32.0	39.2	41.0	35.2	42.0	31.5
	外侧（第4指）	38.2	42.4	36.2	39.0	33.5	38.2	42.1	36.5	39.0	33.1
近趾节骨	内侧（第3趾）	59.3	61.9	33.2	38.3	30.5	60.2	61.9	33.2	39.5	31.0
	外侧（第4趾）	62.2	61.0	32.8	38.1	30.9	62.3	61.0	33.1	39.3	31.1
中趾节骨	内侧（第3趾）	40.5	42.1	33.1	39.0	27.8	40.3	42.4	33.2	37.2	27.1
	外侧（第4趾）	39.9	42.1	33.2	38.1	29.6	40.0	40.9	34.0	39.0	30.0

样品编号 AMT 91.107.M22，年龄与活重不详

		右侧				
		GL	GLpe	Bp	Dp	Bd
近指节骨	内侧（第3指）	63.5	65.2	42.1	45.2	38.9
	外侧（第4指）	65.2	66.1	44.1	43.2	39.1
中指节骨	内侧（第3指）	43.1	47.8	40.8	49.1	37.8
	外侧（第4指）	43.0	47.8	40.3	46.1	40.2

样品编号 AMT 91.107.M23，年龄与活重不详

		右侧				
		GL	GLpe	Bp	Dp	Bd
近指节骨	内侧（第3指）	55.9	56.1	37.1	39.1	32.1
	外侧（第4指）	57.3	51.1	40.2	43.9	33.5
中指节骨	内侧（第3指）	36.9	40.1	34.5	39.0	32.0
	外侧（第4指）	37.9	38.5	38.3	40.8	32.9

样品编号 AMT 91.107.M24，年龄与活重不详

		右侧				
		GL	GLpe	Bp	Dp	Bd
近趾节骨	内侧（第3趾）	62.1	65.2	36.9	43.1	35.2
	外侧（第4趾）	63.8	64.2	36.8	41.3	37.1
中趾节骨	内侧（第3趾）	42.2	44.1	38.2	38.6	29.1
	外侧（第4趾）	42.7	44.9	39.9	39.1	33.1

样品编号 AMT 91.107.M25，年龄与活重不详

		右侧				
		GL	GLpe	Bp	Dp	Bd
近趾节骨	内侧（第3趾）	68.9	69.1	40.0	44.5	35.8
	外侧（第4趾）	66.1	67.9	38.9	43.1	35.5
中趾节骨	内侧（第3趾）	44.1	47.1	38.1	45.2	38.1
	外侧（第4趾）	43.1	48.2	37.6	44.5	33.2

C.2　采自罗马尼亚的年轻公牛

样品编号 AMT 91.107.M15，2.0 岁，500 千克

		右侧					左侧				
		GL	GLpe	Bp	Dp	Bd	GL	GLpe	Bp	Dp	Bd
近指节骨	内侧（第3指）	69.5	71.1	38.9	42.2	36.1	68.9	71.2	38.1	42.2	36.9
	外侧（第4指）	69.5	70.9	37.9	41.0	36.7	69.9	70.9	37.5	42.1	36.1
中指节骨	内侧（第3指）	45.9	47.1	36.1	42.9	32.1	45.1	46.5	36.5	43.0	32.1
	外侧（第4指）	44.8	46.5	37.2	42.9	33.5	44.2	46.1	37.5	42.0	33.2
近趾节骨	内侧（第3趾）	64.5	67.2	36.2	41.0	33.0	65.2	67.3	34.9	40.7	33.2
	外侧（第4趾）	67.0	66.9	36.2	39.9	31.9	67.2	67.2	36.1	40.2	32.1
中趾节骨	内侧（第3趾）	42.3	43.1	33.9	41.2	29.1	42.5	44.0	34.0	40.9	29.3
	外侧（第4趾）	42.2	43.6	33.2	39.9	28.4	42.8	43.5	33.5	39.6	28.3

样品编号 AMT 91.107.M16，2.0 岁，405 千克

		右侧					左侧				
		GL	GLpe	Bp	Dp	Bd	GL	GLpe	Bp	Dp	Bd
近指节骨	内侧（第3指）	56.8	59.9	33.2	38.3	30.5	57.0	60.2	32.9	36.2	30.9
	外侧（第4指）	57.1	59.2	34.7	37.0	30.9	57.1	59.6	35.0	37.3	30.9
中指节骨	内侧（第3指）	39.8	37.2	31.9	37.9	28.7	37.2	39.0	31.5	36.2	28.7
	外侧（第4指）	36.8	38.7	32.1	35.3	28.9	39.1	37.2	32.0	37.0	28.3

		右侧					左侧				
		GL	GLpe	Bp	Dp	Bd	GL	GLpe	Bp	Dp	Bd
近趾节骨	内侧（第3趾）	58.9	62.2	32.2	36.9	29.9	59.1	62.5	32.2	38.3	29.5
	外侧（第4趾）	61.9	62.1	32.8	37.3	29.2	61.1	61.3	33.2	37.1	29.4
中趾节骨	内侧（第3趾）	38.8	40.2	31.9	35.8	25.8	38.9	40.0	31.7	34.2	26.3
	外侧（第4趾）	40.1	40.9	31.2	34.5	26.7	39.2	40.1	31.8	34.5	26.7

样品编号 AMT 91.107.M18，2.0 岁，455 千克

		右侧					左侧				
		GL	GLpe	Bp	Dp	Bd	GL	GLpe	Bp	Dp	Bd
近指节骨	内侧（第3指）	58.2	61.9	35.8	39.9	35.2	58.8	57.6	34.9	39.8	37.9
	外侧（第4指）	60.9	61.9	35.3	38.9	32.6	60.8	62.1	35.6	39.2	33.1
中指节骨	内侧（第3指）	39.1	39.5	37.0	39.0	32.1	38.1	40.2	40.0	41.1	33.1
	外侧（第4指）	38.5	39.7	34.2	38.0	32.6	39.3	40.2	34.9	39.1	31.5
近趾节骨	内侧（第3趾）	63.8	60.6	33.2	39.1	31.6	60.9	64.1	33.1	38.2	31.5
	外侧（第4趾）	62.2	62.2	32.9	38.4	30.6	62.1	62.9	33.2	38.2	30.5
中趾节骨	内侧（第3趾）	40.9	41.5	32.8	35.1	26.8	40.8	41.2	32.8	35.1	26.8
	外侧（第4趾）	40.8	41.8	32.0	34.6	27.2	40.9	41.5	32.1	34.2	37.6

样品编号 AMT 91.107.M17，年龄与活重不详

		右侧				
		GL	GLpe	Bp	Dp	Bd
近指节骨	内侧（第3指）	66.1	68.0	37.0	38.2	34.9
	外侧（第4指）	65.5	67.0	34.9	34.9	34.1
中指节骨	内侧（第3指）	42.3	43.5	35.5	41.8	30.3
	外侧（第4指）	41.5	43.7	34.1	38.0	30.3

样品编号 AMT 91.107.M20，年龄与活重不详

		左侧				
		GL	GLpe	Bp	Dp	Bd
近指节骨	内侧（第3指）	62.1	64.2	36.2	40.6	34.0
	外侧（第4指）	63.0	62.5	35.2	39.1	34.2
中指节骨	内侧（第3指）	42.2	43.1	34.2	40.3	31.1
	外侧（第4指）	42.3	41.2	34.7	41.1	31.9

样品编号 AMT 91.107.M21，年龄与活重不详

		左侧				
		GL	GLpe	Bp	Dp	Bd
近指节骨	内侧（第3指）	66.1	67.2	36.2	39.7	34.9
	外侧（第4指）	65.3	66.8	35.2	39.1	33.8
中指节骨	内侧（第3指）	42.1	43.1	35.1	40.9	31.0
	外侧（第4指）	41.9	43.1	43.6	40.1	31.1

后　记

《役用牛骨骼鉴定指南》(*Draught Cattle: Their Osteological Identification and History*)一书，通过研究大量现生役用牛和非役用牛的掌/跖骨和指/趾节骨标本，总结出其在形态学、骨骼测量值上存在的差异，并将该方法应用于考古遗址出土役用牛骨骼鉴定，对研究黄牛作为役畜所体现的文化、历史和经济价值具有重要意义。原书于1997年第一次出版，其研究方法和结果受到国际众多动物考古学家认同，而我国相关研究尚未起步。此书的翻译旨在有效地帮助初学者快速掌握基础知识和研究方法，拓宽研究视野。

在本书的翻译过程中，解剖学、病理学术语主要参考了《家畜解剖学（第5版）》（中国农业出版社，2015年）、《兽医外科学（第2版）》（科学出版社，2019年）、《牛跛行（第2版）》（农业出版社，1987年）、《马的跛行》（农业出版社，1978年）、生物医药大词典（https://dict.bioon.com）和有道词典（https://www.youdao.com）等图书和网络信息系统。由于动物骨病理学方面的术语、参考资料匮乏，对于少数学界尚未厘清的术语，本书多采用了出现频率较高的名称。

全书由河南博物院马萧林、中国科技大学王娟和河南省文物考古研究院侯彦峰共同翻译和审校。

山东大学李怡晓对翻译稿进行了细致的校订，张梓函、许荷英重新处理了图片和表格。

中原院士基金在本书出版过程中给予了经费支持。科学出版社编辑张亚娜女士为本书的出版付出了很多心血。

在此，对为本书的出版提供支持和帮助的中原院士基金、河南博物院、河南省文物考古研究院，以及有关专家、同仁表示衷心的感谢！

本书具有一定的专业性，鉴于译者水平有限，难免存在理解偏颇或不当之处，请有关专家和读者批评指正。

译　者

2023年4月